Sven von Loga
Claudia Lehnen

Vulkane, Erz & dunkle Höhlen

Geo-Exkursionen für Familien in der Vulkaneifel

Eifelbildverlag

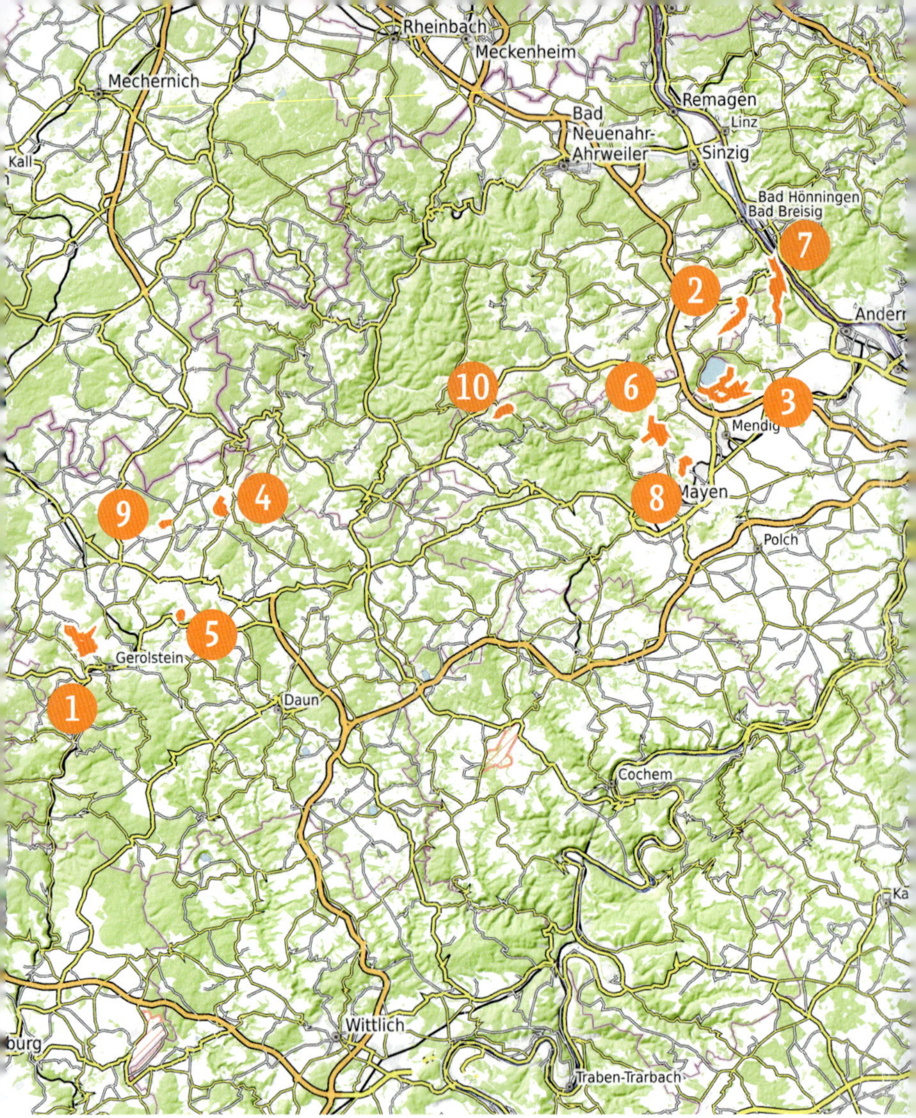

Hier finden Sie die GPS-Dateien der Exkursionen:
https://eifelbildverlag.de/extras/geo02

Eishöhlen bei Gerolstein

1

Zu Besuch beim Eifelosaurus

Auf Entdeckertour durch Eishöhlen, an Vulkankratern entlang ins romantische Sandsteingebirge

»Ich mochte die Aussichtspunkte sehr, aber auch die geheimnisvollen Orte, wie zum Beispiel die alte Betonhütte im Wald oder den Schießstand. Am besten war aber natürlich die Höhle. Wer weiß, was da drin schon alles passiert ist? Ich hab mich die ganze Zeit gegruselt, dass wir vielleicht ein Skelett finden oder so. Aber ich wollte trotzdem unbedingt bis zum Ende durchgehen.«

(Oskar, 6 Jahre)

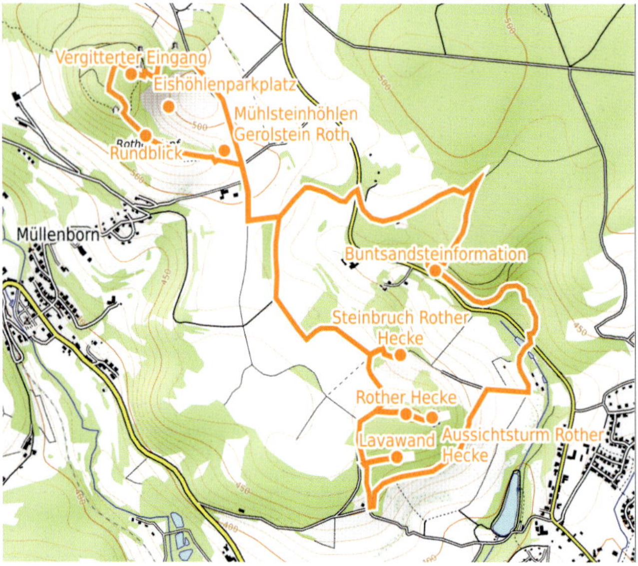

Geeignet für: Kinder ab fünf Jahren, keine Kinderwagen

Ausgangspunkt: Parkplatz Mühlsteinhöhlen/Gerolstein-Roth

Streckenlänge: 8,5 Kilometer
Wanderzeit: 5 Stunden
Höhenmeter Anstieg/Abstieg: 280 Meter
Anforderungen: etwas Kondition, die Tour ist relativ lang, lässt sich aber an zwei Stellen abkürzen. Wie, das zeigt die Karte

KFZ-Navi: Zur Eishöhle 8, 54568 Gerolstein. Und von dort geht es auf dem ausgeschilderten Weg weiter bis zum Wanderparkplatz. Nach Starkregenfällen kann der Fahrweg zum Wanderparkplatz ausgewaschen sein. Dann parken wir am Sportplatz.

Picknickplätze: Schön rasten kann man an der Schutzhütte, von der man einen tollen Ausblick über das Oosbachtal genießt. Etwa in der Mitte der Wanderung bietet sich auch der Rand der Lavagrube des Vulkans Rother Hecke für eine Rast an. Auch schön: Der Aussichtsturm mit Ausblick auf die Gerolsteiner Dolomiten, den Auberg, Gerolstein und die Dietzenley, den Vulkan Gerolsteiner Hahn mit der Kasselburg und links den Rockeskyller Kopf.

Attraktionen mit Eintritt: Das Naturkundemuseum in Gerolstein lohnt einen Besuch. Hier liegt eine Rekonstruktion des sogenannten *Eifelosaurus triadicus.*

Empfohlene Ausrüstung: Wanderschuhe mit gutem Profil, der Boden in der Höhle ist oft feucht und kann dann rutschig sein, Verpflegung, Taschenlampe, ein Döschen zum Sammeln von Gesteinen und Mineralien.

Was man sammeln und entdecken kann: Auf dem Weg vom Aussichtsturm auf dem Rother Kopf abwärts lassen sich glitzernde Lapilli-Laven sammeln. Lapilli-Laven sind kleine Lavakörnchen von meist nur einigen Millimetern Durchmesser, die als glühende Lavatropfen aus dem Vulkan ausgesprüht wurden, im Flug abkühlten und auf die Erde fielen. In den Lapilli befinden sich oft bräunlich-schwarze Plättchen, die in der Sonne funkeln. Es handelt sich um Kristalle des Minerals Biotit. Das bildet sich, wenn Magma in Magmakammern unter der Erde langsam abkühlt. Kommt es dann zu einem Vulkanausbruch, finden sich später solche Kristalle als grobkörnige Einsprengsel im Gestein. Die Eifler nennen die glitzernden Biotit-Kristalle »Katzengold«.

Eine Höhle mitten im Wald, ganz ohne Führung einfach selbst erkunden – das ist gerade für Kinder schon ein Abenteuer der größeren Art. Aber auch der restliche Weg ist interessant. Er führt zunächst am Vulkan Rother Kopf vorüber. Es handelt sich um einen Doppelkegel, der nördliche Kegel besteht aus groben Basaltschlacken. Zu Beginn der Tour können wir in einen großen Steinbruch blicken, aus dem in nördlicher Richtung ein Lavastrom ausgeflossen ist. Der südliche Vulkankegel besteht dagegen aus Schlacken und Lapilli-Tephren, das sind vulkanische Kügelchen von bis zu 64 Millimetern Durchmesser. Beim Blick in eine gewaltige Abbaugrube sehen wir, dass das Material wegen seines hohen Biotit-Anteils in der Sonne funkelt und glitzert. Aber nicht nur Vulkane machen die Besonderheit dieses Weges aus. Wir passieren auch romantische Buntsandsteinablagerungen, die wie Riesen aus uralter Zeit urplötzlich in die märchenhafte Waldlandschaft ragen.

Tourbeschreibung

Im zu Gerolstein gehörenden Ort Roth, zweigt neben der Kirche die Straße »An den Eishöhlen« ab. Achtung: Tiefergelegte Autos sollten nicht bis zum Ende durchfahren. Alle anderen parken auf dem Waldparkplatz. Auch wenn gerade Kinder sofort losforschen wollen, die scheinbaren Höhleneingänge in den Felsen neben dem Parkplatz erweisen sich als Irrtümer. Wir folgen deshalb nicht geradeaus dem Eifelsteig, sondern links in den Wald den Pfad die Treppe hinauf, ein regionaler Wanderweg ist dort ausgewiesen. Und schon stehen wir oben vor einem vergitterten Höhleneingang. Rechts hinauf führt eine weitere Treppe, zwischen den Felsen gähnt ein dunkles Loch – wir befinden uns am Einstieg der Mühlsteinhöhle. Jetzt heißt es mutig sein, denn es geht fast hundert Meter in den Berg hinein, an der Wand und an der Decke erkennen wir halbfertige metergroße Mühlsteine. Hier wurden im 14. Jahrhundert Mühlsteine herausgehauen, ein Hangrutsch verschüttete den Stollen aber, so bildete sich die Höhle, die man heute besichtigen kann.

Wir folgen dem Wanderweg und passieren links einen halbfertigen Mühlstein, der noch in der Wand hängt (Blick aufs Cover des Buches). Der kleine Pfad geht weiter und auf dem breiteren Wanderweg erkennen wir jetzt die Markierung des Eifelsteiges. Praktisch, denn diesem Wanderweg folgen wir jetzt eine Weile. An der nächsten Weggabelung steht etwas abseits des Weges rechts eine Schutzhütte. Von hier haben wir einen schönen Ausblick ins Oosbachtal. Wir gehen aber links hangaufwärts auf einem Pfad durch die Ginsterbüsche. Auf dem Gipfel wartet ein Aussichtspunkt, von dem wir weit über die Eifellandschaft blicken können, aber auch tief hinein in den Vulkan Rother Kopf. Wir folgen dem Weg nach unten zum Schäferhof. Auf dem asphaltierten Fahrweg, in den der Weg mündet gehen wir am Schäferhof vorbei, vor dem links des Weges liegenden Wäldchen biegen wir links ab und bleiben auf dem markierten Eifelsteig. An der ersten Kreuzung halten wir uns rechts, dann folgen wir einem Wegweiser hangabwärts Richtung Rother Hecke. Wir gelangen an den Rand der Lavagrube des Vulkans. Von dort haben wir einen prächtigen Blick auf besterhaltene Lavaschichten. Hier zeigt sich noch, was vor etwa 570.000 Jahren an genau dieser Stelle geschehen ist. Zunächst kam es zu einer Maareruption, von der heute noch die unregelmäßigen Schichten durch große eingeschlossene Felsbrocken zeugen. Es wurde einfach ein Trichter in die Erdoberfläche gesprengt. Anschließend spuckte der Vulkan ohne Unterlass kleine Lavabrocken in regelrechten Fontä-

Geologischer Exkurs: Lapilli-Laven aus Biotit

Auf dem Weg vom Rother Kopf hinunter zum Schäferhof glitzert und funkelt es unter den Füßen. Wer sich bückt und das Gestein erforscht, entdeckt bräunlich-schwarze Biotit-Kristalle. Der Biotit entstand, nachdem das Magma aus dem Erdinneren aufstieg und sich dann an der Oberfläche auf etwa immer noch heiße 700 Grad abkühlte. Als Baumaterial ist Biotit ungeeignet, da er sehr schnell verwittert. Nützlich ist Biotit erstaunlicherweise für die Kosmetikindustrie. Man verwendet es, um Cremes, Puder oder Lidschatten den typischen Glitzereffekt zu verleihen. Wer weitere Fundstellen solch größerer Biotit-Blattkristalle entdecken will, muss übrigens weit reisen: Neben der Eifel findet man das Glitzergestein auch in Ontario in Kanada, um Evje in Norwegen oder im Uluguru-Gebirge in Tansania.

nen aus. Wer heute den Stromboli in Süditalien besucht, kann dieses Schauspiel dort immer noch fast täglich beobachten. Dabei bildeten sich viele kleine schwarze Kügelchen, die sich ablagerten und heute schön übereinander gestapelt auf den Schichten der Maareruption liegen.

Wir gehen wieder zurück zur Wegkreuzung hinauf und dort direkt links den Hang hinauf. Am Zaun biegen wir rechts ab und folgen dem Weg, bis links an der rot-weißen Schranke ein Fahrweg abzweigt. Wir folgen ihm bis zum Ende und erreichen einen Aussichtsturm mit schönem Ausblick auf die Gerolsteiner Dolomiten, den Auberg, die Dietzenley, den Vulkan Gerolsteiner Hahn mit Kasselburg und links den Rockeskyller Kopf.

Wir gehen den Weg wieder zurück zur Schranke. Wir halten uns links, gelangen auf einen asphaltierten Fahrweg (wieder der Eifelsteig), dem wir hangabwärts folgen.

In einem kleinen verwilderten Waldstück führt nach links ein kleiner Pfad, im Sommer ist er oft von Brennnesseln zugewachsen. Ein Geopfad-Wegweiser zeigt dorthin, folgen wir diesem Pfad, stehen wir auf einmal in einer zauberhaften Lavagrube mit wunderbaren Lapillischichten. Eine Geopfad-Infotafel erläutert die Lage. Aber wir müssen wieder zurück und folgen auf dem Waldweg wieder dem Eifelsteig, der auf der Asphaltstraße dann scharf nach links abknickt. Auf diesem Weg bleiben wir jetzt immer weiter geradeaus (Achtung: der Eifelsteig biegt nach kurzem rechts ab, wir gehen geradeaus)

Wir lassen den Weg rechts nach Gerolstein (Eifelsteig) liegen und bleiben weiter auf unserer Strecke, links entdecken

Geschichte, zu erzählen bei der Rast: Der Trommler von der Kasselburg

Vor vielen, vielen Jahren sorgte ein Hund für Aufsehen, der an der Kasselburg aus einem stollenähnlichen Gang herausschlüpfte und einen verknautschten Lederbeutel mit sehr alten Gold- und Silbermünzen im Maul trug. Die Menschen waren in heller Aufregung, erinnerten sie sich doch an die Geschichte eines geheimen Ganges zwischen der Kasselburg und der Löwenburg. Sollte dort in der Tiefe ein Schatz verborgen sein? Man schickte die mutigsten Kinder der Dörfer den Stollen hinunter, aber alle kehrten nach wenigen Minuten nass und schmutzig, aber ohne Schatz wieder nach oben zurück. Zwar sei ein Gang unter der Erde, Geröll und Wasser würden das weitere Vordringen aber erschweren und keines der Kinder war mehr zu bewegen, nochmal hinabzusteigen. So ersann man den Plan, einen Häftling zu suchen, dem man für seinen Mut, in den Gang hinabzusteigen, mit der Freiheit belohnen wollte, sollte er jemals mit dem Schatz wieder nach oben kommen. Ein junger Mann, der lebenslänglich im Kerker sitzen sollte, weil er eine Postkutsche ausgeraubt hatte, wurde gefunden und mit einer kleinen Trommel und einem handgefertigten Schutzhelm ausgestattet. Ehe er in den Stollen hinabstieg, eilte eine Frau heran, nahm seine Hand und flüsterte ihm etwas ins Ohr. Man sagt sich, es sei seine verzweifelte Mutter gewesen. Sodann trommelte der junge Mann einige Takte und verschwand in der Dunkelheit. Der Stollenausgang wurde zehn weitere Tage bewacht, dann wurde der Häftling für tot erklärt. Im darauffolgenden Jahr fand ein Bauer in der Gegend aber einen Trommelstock auf seinem Acker, der dem des Häftlings aufs Haar glich. War dem mutigen Mann die Flucht geglückt? Noch heute sagt man sich in der Gegend, dass derjenige, der ein feines Gespür für gefährliche Situationen habe, das Trommeln des Mannes höre.

wir eine Panoramahütte und schließlich eine Weihnachtsbaumplantage. Nachdem wir eine Weide mit Schafen und Rehen passiert haben und hinter Gänsen und einem Fischteich die Straße überquert haben, stehen wir vor rotem Sandstein. Die Geologie hat sich nun vollkommen geändert. Besteht das Grundgebirge der Eifel aus Schiefer und Sandsteinen marinen Ursprungs von bis zu fünf Kilometern Dicke, so liegen hier nun mächtige Ablagerungen, die in einem Wüstenklima entstanden. Die Buntsandstein-Sedimente haben 240 Millionen Jahre auf dem Buckel, die Vulkane der Westeifel sind dagegen quasi junge Hüpfer. Sie zählen bestenfalls eine Million Jahre.

Wir folgen dem Weg Richtung Schießstand weiter dem roten G auf weißem Grund. Der nach links abbiegende Weg ist etwas zugewachsen, davon nicht abhalten lassen! Es geht durchs Unterholz weiter, wir lassen eine alte Betonhütte links liegen und kommen so auf den nächsten breiteren Waldweg. Dort passieren wir die Schranke und gelangen auf einen Parkplatz, an dessen rechter Seite ein Pfad rechts den Hang hinauf abzweigt. Immer wieder sehen wir roten Sandstein, dann erreichen wir eine Schutzhütte mit Aussicht auf die Rother Hecke sowie einige hundert Meter später den Pausenplatz Buntsandsteinblick.

Wir folgen nun dem Wanderweg G die Bundsandsteinfelsen hinauf. Oben geht es links ab durch den Wald, wir überqueren die Straße und folgen auf der anderen Seite weiterhin dem Wanderweg G. Nach einem Marsch über Wiesen sehen wir oben am Hang wieder den Schäferhof, gehen an ihm vorbei und folgen dem asphaltierten Fahrweg vorbei am Rother Kopf. Hinter dem Steinbruch folgen wir dem Weg links hangaufwärts und stehen nach drei Serpentinen wieder am Parkplatz der Mühlsteinhöhlen – oder biegen rechtszeitig nach rechts zum gut sichtbaren Sportplatz ab.

Geologischer Exkurs:
Der Eifelosaurus triadicus

In den wüstenähnlichen Gebieten der Buntsandsteinzeit lebte der Eifelosaurus triadicus. Vor etwa 235 Millionen Jahren durchstreifte der kleine Saurier die Eifellandschaft. Damals lag die Eifel näher am Äquator, es war heiß, wüstenähnlich. Im Gegensatz zu Fossilien in Meeresablagerungen, sind Fossilien an Land selten und meist schlecht erhalten. Umso größer war die Sensation, als vor gut hundert Jahren Arbeiter in einem Steinbruch nahe Hillesheim Eifelosaurus-Abdrücke ausgruben. Da der Kopf leider nicht erhalten war, herrscht bis heute Unsicherheit darüber, wie das Tier denn einst genau aussah. Ein Forscher beschrieb das Tier als urtümliche Eidechse, ein anderer stellte es zu den Schnabelechsen. Immerhin weiß man, dass die Eifel-Echse knapp einen Meter lang war, am liebsten in der Nähe von Oasen und trockenen Flussbetten rumlungerte, eine schuppige Haut hatte und nur Pflanzen fraß. Das Originalfossil befindet sich heute im Goldfuß-Museum in Bonn, eine Rekonstruktion gibt es im Naturkundemuseum in Gerolstein zu sehen (siehe Foto).

Trasshöhlen im Brohltal

2

Weltuntergang mit Bimsstein

Wandern, wo einst glühende Ascheströme flossen

» Am besten haben mir die Höhlen gefallen. Am Anfang hatte ich wirklich ein bisschen Angst hindurchzugehen. Es war so dunkel und ich konnte den Ausgang nicht sehen. Aber dann war ich mächtig stolz, als ich doch mutig genug war.«

(Pina, 7 Jahre)

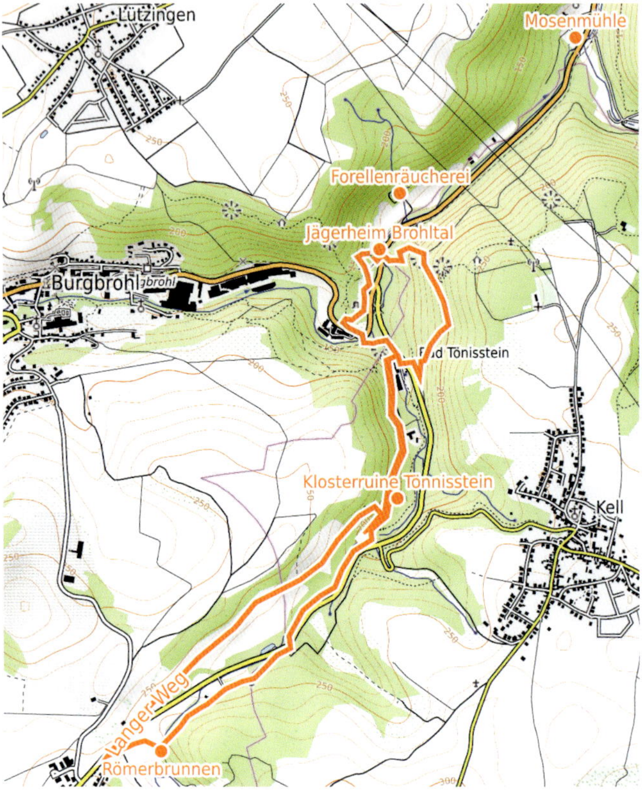

Geeignet für: Kinder ab vier Jahren, ungefährlicher Weg, keine besonders steilen Stellen

Ausgangspunkt: Jägerheim im Brohltal

Streckenlänge: 2–7 Kilometer (kurzer/langer Weg)
Wanderzeit: 2–4 Stunden (kurzer/langer Weg)
Höhenmeter: 120–250 Meter (kurzer/langer Weg)
Anforderungen: eigentlich gemütlich

ÖPNV: mit dem Vulkanexpress von Brohl-Lützing bis Haltestelle Jägerheim, *www.vulkan-express.de*
KFZ-Navi: Brohltalstraße 123, 56626 Andernach (Gasthaus Jägerheim), Parken links neben dem Jägerheim auf dem Wiesenparkplatz unter dem Viadukt

Einkehr: In der Seniorenresidenz gibt es einen »Bierkeller«, in dem man deftige Speisen bestellen kann.
Picknickplätze: Direkt am Wasserfall steht eine Bank, wenn man Glück hat, ist sie frei und man kann Brezeln vespern, während das Wasser vor einem nach unten tost. Wer länger durchhält, findet auch am Römerbrunnen einen idealen Platz, um seinen Pausenrucksack zu öffnen. Die Kinder können auf der Wiese rumrennen und Steine in den Bach werfen.

Attraktionen mit Eintritt: Eine Fahrt mit einer der letzten Schmalspurbahnen Deutschlands, der Brohltalbahn. Der sogenannte »Vulkanexpress« legt die knapp 18 Kilometer zwischen Brohl am Rhein und Engen in der Eifel in den Sommermonaten noch beinahe täglich zurück. Die nostalgische Fahrt dauert einfach 90 Minuten, hin und zurück zahlen Erwachsene 13 Euro, einfach 11 Euro.

Empfohlene Ausrüstung: Festes Schuhwerk und einen Hammer zum Bimsklopfen, eine Taschenlampe

Was man sammeln und entdecken kann: Wer Bims klopft, kann ein bisschen vom bröckeligen Gestein mit nach Hause nehmen und dort genauer unter die Lupe nehmen. Tipp: Bims eignet sich sogar zum Basteln von Booten, handelt es sich doch dabei um den einzigen Stein, der auf Wasser schwimmt.

Einst war das Brohltal mit bis zu 60 Meter dicken Lavaschichten des Laacher See-Vulkans ausgefüllt. Vor 12.800 Jahren schossen bis zu 800 Grad heiße Aschewolken, sogenannte pyroklastische Ströme, durch das Tal, füllten es auf und bildeten letztendlich im Rhein einen Staudamm. Jahrhunderte lang wurde die helle Lava abgebaut. Man nennt sie auch Trass. Rings um das Gasthaus Jägerheim gibt es zahlreiche Trasshöhlen zu entdecken.

Tourbeschreibung

Kurzer Weg (Zwei Kilometer)

Beim Parkplatz unter dem Viadukt gähnt in der weißen Wand schon ein Eingang zu den Trasshöhlen. Nichts wie rein, links herum und die Höhlen erkunden. Wer aus den Höhlen raus ist, folgt dem Traumpfad über die große Wiese und traut sich gleich rein in die nächsten Höhlen. Anschließend gehen wir den Traumpfad weiter, überqueren die Straße, biegen links ab zur ehemaligen Kurklinik Bad Tönisstein, die heute eine Seniorenresidenz beherbergt. Um den kurzen Weg zu nehmen, geht es jetzt über die Straße, hinter dem Parkplatz führt der Wanderweg hangaufwärts (er heißt Quellenpfad). Unterwegs liegen rechts am Pfad abgestürzte Trassblöcke, die viel Bims enthalten und als weiße Brocken gut im Gestein zu erkennen sind. Wer mag, klopft sie mit dem Hammer heraus und nimmt ein paar Brocken mit nach Hause. Oben auf dem Waldweg biegen wir dann nach rechts ab und gehen bis zur Aussichtsbank. Von dort haben wir einen schönen Blick auf den Eisenbahntunnel des Vulkanexpress, der ab und zu vorbeijuckelt und dann in den Trassfelsen verschwindet. 50 Meter hinter der Bank geht es rechts steil hangabwärts (Hermann-Löns-Pfad) wieder zurück zum Jägerheim.

Geologischer Exkurs:

Bimsstein

Bims ist ein ganz besonderer Stein. Das merkt man spätestens dann, wenn man den weißen Brocken ins Wasser wirft – anders als alle anderen Steine schwimmt er nämlich. Das liegt daran, dass er sehr viele Luftlöcher in sich trägt und seine Dichte damit geringer als die von Wasser ist – das führt dazu, dass er auf Wasser schwimmt. Je mehr Luft im Bims enthalten ist, umso heller wird er übrigens – ein Zeichen dafür, dass der Bimsstein hier im Brohltal ebenso viel Luft enthält wie der Bimsstein, den man vielleicht zu Hause im Badezimmer liegen hat und der sich zur Entfernung von Hornhaut an den Füßen eignet. Auch bei der Herstellung von Jeans kommt der Bims zum Einsatz. Er kommt nämlich mit in die Waschmaschine, um den so genannten stone-washed Effekt hervorzurufen. Chemisch handelt es sich beim Bims übrigens einfach um Lava, die durch Wasserdampf und Kohlenstoffdioxid während eines Vulkanausbruchs aufgeschäumt wurde.

Trass

Der Rheinische Trass, den wir im Brohltal finden, entstand beim Ausbruch des Laacher See-Vulkans. Es handelt sich eigentlich um Tuff, also um Gestein, das beim Vulkanausbruch aus verschiedenen Gesteinen zusammengebacken wurde und sich dann verfestigt hat. Man findet Trass übrigens auch im Baumarkt, gibt man nämlich Wasser und Zement hinzu, kann man ihn als Mörtel verwenden. Das Besondere: Er macht Zement quasi wasserdicht, weshalb man mit Trasszement Wasserbecken auskleiden oder Natursteinmauern verputzen kann.

Langer Weg (Fünf Kilometer)

Hier geht es an der Seniorenresidenz weiter durch das Tönissteiner Tal, wir überqueren dafür aber nicht die Straße. Noch vor der Seniorenresidenz folgen wir stattdessen rechts hinter den Häusern entlang dem Weg hangaufwärts, wir befinden uns immer noch auf dem Traumpfad. Links des Weges taucht auf einmal die Burgruine Tönisstein im Wald auf, wenn die Bäume voller Blätter sind, ist sie schwer zu sehen und man läuft vorbei.

Wir kommen an eine Straße, überqueren diese aber nicht, sondern biegen gleich wieder rechts in einen Pfad im Wald ein. Der Weg führt weiter durch die Wolfsschlucht, vorbei an den Kaskaden des Tönissteiner Baches über eine Holzbrücke, wer dort stehen bleibt und in den Bach schaut, sieht an etlichen Stellen Gasblasen aufsteigen. Es sind Mofetten, vulkanisches Gas dringt hier aus dem Eifelplume nach oben. Bald stehen wir am Wasserfall, es geht den Steig hoch, über die Straße, dann rechts. Hinter dem gemauerten Wasserhaus biegen wir rechts ab, am Wegesrand liegt der Eingang zu einem alten Bergwerksstollen. Hier wurden

Geschichte, zu erzählen bei der Rast:

Die Sage der Herchenberg-Juffer: Im Tal soll einmal eine sehr fromme Familie mit nur einer wunderschönen und stolzen Tochter gewohnt haben. Ein Edelmann mit schlechtem Ruf soll ihr den Hof gemacht haben, was sie sich gerne gefallen ließ. Die Eltern aber waren besorgt und baten einen Mönch, der Tochter ins Gewissen zu reden. Diese lachte den Kirchenmann aber nur aus, sperrte ihn in den Keller, wo ihn der Edelmann ausräuchern wollte. Vor seinem Tod verwünschte er das junge Paar, das sich hohnspottend vom Acker machte. Und in der Tat, am kommenden Morgen fanden die Eltern ihre »Juffer« (Jungfrau) und deren arroganten Edelmann zu Stein erstarrt im Tal stehen. Noch heute sind in der Gegend durch Steinschlag, Erosion und Verwitterung einige Felsformationen so bizarr, dass der Besucher mit ein bisschen Phantasie Gestalten in ihnen zu erkennen vermag.

einst Blei-Zink-Erze abgebaut. Bergwerke in dieser Größe gab es früher zahlreich in der Eifel. Und das kam so: Als sich vor 350 Millionen Jahren das Variszische Gebirge auffaltete, entstanden nicht nur Falten, sondern auch sehr viel Brüche im Gestein. Aus der Tiefe drang heißes Wasser nach oben, in dem neben Quarz auch Metallverbindungen gelöst waren. Nahe der Erdoberfläche kühlte das Wasser ab und Quarz und Erze fielen aus, verstopften die Spalte im Gestein. Irgendwann verwitterte das aufliegende Gestein und der Erzgang schaute an der Erdoberfläche hervor. Menschen fanden ihn und holten neugierig die Hacke hervor. Immer dem Erzgang folgend gruben sie einen Gang in den Berg hinein. Bergwerke entstanden. Weiter des Weges geht es bis zum Römerbrunnen. Hier sprudelt wie wild vulkanisches Gas aus dem Untergrund. Wir folgen dem Weg zur Straße, kommen dabei an Schafen und Hühnern und einem prächtigen Hahn im Wald vorbei. Von dort überqueren wir die Straße und biegen gleich rechts auf den Weg ab, der uns zurück zur ehemaligen Kurklinik führt.

Geologischer Exkurs:

Eifelplume: Dass die Eifel überhaupt eine Geschichte der Vulkanausbrüche hinter sich hat, verwundert zunächst. Vulkane entstehen sonst hauptsächlich dort, wo Kontinentalplatten aneinanderstoßen. Dort schiebt sich dann die eine Erdplatte unter die andere, in der Tiefe des Erdmantels wird die abtauchende Platte aufgeschmolzen. Aufgrund geringerer Dichte steigt diese Schmelze auf, findet vielleicht den Weg nach oben und kommt an der Erdoberfläche als Vulkan heraus. Die Eifel liegt aber mitten auf einer Kontinentalplatte Die Ursache für den Eifel-Vulkanismus ist eine andere und liegt in zwischen 45 und 400 Kilometern Tiefe im Erdmantel. Dort befindet sich der Eifelplume, ein Bereich, der heißer ist als seine Umgebung und von wo Magma in die Magmakammern der Vulkane nach oben dringt. Das kann man sich ein bisschen so vorstellen wie in einer Lavalampe. Nur mit dem Unterschied, dass die Aktivität unter der Eifel ziemlich langsam von statten geht. Das etwa 1000 bis 1400 °C heiße Gestein des Plumes steigt etwa zehn Zentimeter pro Jahr nach oben. Plumes, was im englischen »buschige Federn« heißt, liegen auch unter dem Yellowstone Nationalpark in den USA, unter Island, der Insel La Réunion und Hawaii.

Mofetten am Laacher See

3

Am Ufer sprudelt es wie Limonade

Auf der Suche nach Edelsteinen und Gasen, die blubbernd aus der magmatischen Unterwelt grüßen

»Ich fand die Vorstellung spannend, am Wegesrand auf den Edelstein Haüyn stoßen zu können. Ich hätte den meiner Mutter mitgebracht. Wir haben auch jeden Stein, den wir finden konnten, daraufhin untersucht. Leider ohne Erfolg.«

(Berkan, 8 Jahre)

»Dass das Wasser hier immer noch sprudelt und man dadurch noch ein bisschen was vom Vulkanismus sehen kann, ist schon ziemlich spannend. Überhaupt ist es schon krass, dass man wo wandert, wo sich früher so heftige Vulkanausbrüche ereignet haben.«

(Freddy, 9 Jahre)

Geeignet für: Kinder ab drei Jahren, der Weg kann auch mit einem Kinderwagen zurückgelegt werden. Nur zum Seeufer muss man am Ende runterklettern – ohne Kinderwagen. Falls man kleine Kinder dabei hat, empfiehlt sich dann eine Kraxe.

Ausgangspunkt: Parkplatz Kloster Maria Laach

Streckenlänge: 5 Kilometer
Wanderzeit: 3 Stunden
Höhenmeter Anstieg/Abstieg: 215 Meter
Anforderungen: keine besonderen

ÖPNV: Bis Bahnhof Andernach, dann mit der Buslinie 310 nach Maria Laach, Andernach-Kell

KFZ-Navi: Maria Laach, 56653 Glees, Hinweis: Der Parkplatz kostet zwei Euro pro Tag

Einkehr: Auf der Tour selbst gibt es keine Einkehrmöglichkeit. Wer aber nach der Tour Hunger hat, der kehrt bei den Mönchen ein. Es gibt günstigen, leckeren Kuchen, Eis, Pommes, aber auch kleine Gerichte. In einem kleinen Bio-Supermarkt erhält man Leckeres für zu Hause.

Picknickplätze: Schön picknicken kann man an einem Tisch kurz bevor es zu den Mofetten ans Ufer geht. Aber direkt am See vor den sprudelnden Mofetten schmeckt's noch besser.

Attraktionen: Das Kloster Maria Laach, das von Benediktinermönchen bewohnt wird, ist für Besichtigungen und Meditationen den ganzen Tag geöffnet, der Eintritt ist frei. Im Klosterforum kann man sich einen 20-minütigen Film ansehen, der das Leben im Kloster erklärt. Im Gastflügel St. Gilbert kann der Ruhesuchende auch übernachten. Auch ein Blick in die romanische Abteikirche lohnt sich, ebenso wie in den Obst- und Gemüsegarten.

Empfohlene Ausrüstung: Kinderkraxe für Kleinkinder, festes Schuhwerk

Was man sammeln und entdecken kann: Haüyn, das ist ein Mineral, das Edelsteinqualität erreichen kann.

Spuren des Vulkanismus sind im Rheinland selten aktiver und sprudeliger zu beobachten als am Laacher See. Wer die richtigen Stellen kennt, kann beobachten, wie Gase aus den unterirdischen Magmenkammern beständig nach oben drängen. Die Wasseroberfläche am Ufer sieht aus, als hätte man eine Limonadenflasche geöffnet. Es blubbert und sprudelt – und riecht leider nicht nach Limonade, sondern eher nach Schwefelwasserstoff H_2S, also faulen Eiern. Aber das nimmt man angesichts des seltenen Naturschauspiels gern in Kauf.

Tourbeschreibung

Die Landschaft um den Laacher See ist schon für denjenigen beeindruckend, der gar nichts vom Vulkanismus weiß: Ein lieblicher Seekessel mit einer baumbestandenen Hügelkette ringsum. Noch spannender wird eine Wanderung am Laacher See aber für denjenigen, der sich ein bisschen mit der Erdgeschichte auskennt. Denn: Genau an dieser Stelle ereigneten sich die heftigsten Vulkanausbrüche der jüngeren Erdgeschichte Mitteleuropas. Als der Laacher-See-Vulkan vor etwa 13.000 Jahren ausbrach, schleuderte er mehr

Material in die Luft als der Vesuv (79 n. Chr.) oder der Mt. St. Helens (1980) und begrub weite Teile der Umgebung unter meterhohen Ascheschichten. Und auch heute ist der Vulkanismus unter dem Laacher See nicht tot. Das bezeugen eindrucksvoll die Mofetten, die wir auf dieser Tour besuchen

Wir starten an der Abtei, laufen ein kleines Stück an der Deutschen Vulkanstraße zurück Richtung Südost. Nach einigen hundert Metern biegen wir einen Schotterweg nach links ab. Wir folgen dem Weg zwischen Feld (rechts) und Bäumen (links) bis zu einer Abzweigung an einer Apfelbaumwiese. Wir nehmen den Weg nach links und kommen nach wenigen Metern an einigen Bienenstöcken vorüber und sehen gleich danach links das Hinweisschild zum Fulbertstollen, in den wir hineingucken können, wenn wir zwischen den Bäumen links eine Treppe nach unten steigen. Der Stollen wurde im Mittelalter, nach anderen Quellen schon während der Römerzeit gebaut, um den Laacher See, der keinen natürlichen Abfluss besitzt, vor dem Überlaufen zu schützen. Auch das Kloster Maria Laach wurde so einer Überflutung bei Hochwasser bewahrt. Das Wasser fließt durch den Tunnel unterirdisch zum Laacher Mühlteich bei Mendig.

Wir laufen den Weg an den Büschen und Bäumen weiter, links können wir durch die Bäume und über die Kuhweide hinweg schon den See blau schimmern sehen. Kurz vor dem Waldrand biegen wir an einer Bimssteingrube links ab. Hier im Bims kann sich der blaue Haüyn verbergen, eine Mineralienart, die sogar Edelsteinqualität erreichen kann. Die meisten Haüyne sind allerdings klein, ein bis vier Millimeter groß, also: Gut aufpassen und vielleicht auch einen Stein mit nach Hause nehmen und dort per Lupe untersuchen.

Geologischer Exkurs: Entstehung von Haüyn

Haüyn ist ein Mineral, das Edelsteinqualität erreichen kann. Die berühmteste Fundstelle auf der Erde ist die Gegend um den Laacher See. In zahlreichen Vulkangebieten der Erde, so auch auf den Äolischen Inseln im südlichen Italien, findet sich Haüyn, aber nicht in der Menge und Qualität wie am Laacher See.Unter der Vulkaneifel gibt es eine magmatische Struktur, den Eifelplume, der in einer Tiefe von 400 km beginnt und bis 30 Kilometer unter die Erdoberfläche reicht. Von diesem Eifelplume strebt Magma nach oben in die obere Erdkruste. Auch die Magmenkammer, die sich beim Ausbruch des Laacher Sees entleerte, entsprang im Eifelplume. Während der Abkühlung des Magmas, das nun in kälteren Bereichen unter der Erdoberfläche lagerte, fielen diverse Kristalle aus, deren Schmelzpunkt hier oben unterschritten wurde. Das waren sehr zahlreich klare Sanidine, aber oft auch blaue Haüyne. Sanidine und Haüyne sinken an den Boden der Magmenkammer und bilden dort eine Art Bo-

Wir lassen den Steinbruch rechts liegen und laufen den Weg in den Wald hinein. Sobald wir an einem Rastplatz mit Holztisch ankommen, können wir uns links den Abhang hinunter zum See durchschlagen. Der Weg ist kurz, aber man muss ein bisschen klettern. Unten angekommen sehen wir es überall im flachen Wasser sprudeln. Es gibt Menschen, die sagen, man würde hier den Vulkan atmen sehen. Es ist herrlich hier am Seeufer zu sitzen, den Mofetten beim Sprudeln zuzusehen und durch das dichte Blattwerk

densatz. Später strömt Grundwasser in die Magmenkammer, durch den Kontakt Magma und Grundwasser kommt es zu gewaltigen Vulkanausbrüchen. Nachdem sich die Magmenkammer schon überwiegend entleert hat, strömt noch einmal Grundwasser hinein, wieder kommt es zu heftigen Reaktionen und Dampferuptionen, bei denen auch der Bodensatz der Magmenkammer hinaus geschleudert wird. Es sind die vom Vulkanologen Ulrich Schmincke benannten Upper Laacher See-Tephra (ULST), in ihnen finden sich Haüyn-Krsitalle. Heute ist die Magmenkammer unter dem Laacher See leer. Aber in jüngster Zeit kommt es immer wieder zu Beobachtungen der Vulkanologen, das scheinbar wieder Magma nach oben dringt, eine Magmenkammer unter dem Laacher See kann sich eventuell in den kommenden 20.000 Jahren füllen und es kann dann zu einem erneuten Vulkanausbruch kommen.

ein paar vorbeiziehende Ruderboote zu beobachten. Hier lohnt sich in jedem Fall ein Picknick.

Wer genug Mofetten blubbern sah und sich auch an den kleinen Enten satt gesehen hat, die hier durch das flache Wasser paddeln, der klettert den Abhang wieder nach oben und macht sich auf den Rückweg. Wer nicht den gesamten See umrunden will, wählt zur Abtei zurück den gleichen Weg, den wir hinwärts gewandert sind. Am Kloster lässt es sich gut nochmal Kaffee trinken. Und wenn die Kinder Lust haben, sich weiter als Geologen zu versuchen, sollten sie sich die Steine des Klosters nochmal genauer ansehen. Dann entdecken sie, dass hier nicht nur eine Steinart verbaut wurde, sondern mehrere, die ihren Ursprung alle im Vulkanismus haben. Da ist einmal der schwarze Basalt, ein Stein, der früher als Lavastrom aus der Erde ausfloss und beim Erkalten hart wurde. Daneben gibt es aber auch Tuff

Geologischer Exkurs: Die Mofetten

Die kühlen Gase, die wir hier als schöne Blubberblasen an der Wasseroberfläche beobachten können, dringen aus dem Magma tief unter der Erde nach oben. Sie bestehen hauptsächlich aus Kohlendioxid. Die Gase lösen sich aus dem Magma, wenn es aufsteigt und damit der Druck, der auf ihm lastet, abnimmt. Das ist ein bisschen so, als würde man eine Limonadenflasche öffnen. Forscher haben übrigens herausgefunden, dass neben Kohlendioxid im Mofetten-Gas des Laacher Sees auch ein relativ hoher Anteil Mantelhelium enthalten ist – das ist ein Hinweis dafür, dass unter dem Laacher See nicht nur alte Magmenreste schlummern, sondern sich auch frische Gesteinsschmelzen zur Erdkruste bewegen, der Vulkanismus unter dem Laacher See also noch aktiv ist.

Geschichte, zu erzählen bei der Rast: Der Fischerjunge vom Laacher See

Eine Großmutter hatte ihrem Enkelsohn vor vielen, vielen Jahren einmal erzählt, dass am Grunde des Laacher Sees ein riesiger Schatz versteckt liege, dazu ein großes, prächtiges Schloss. Weil er sehr neugierig war, eilte der Junge, der der Sohn eines Fischers war, in einer Vollmondnacht im Frühling aus dem Haus, setzte sich in einen Kahn und ruderte zur Mitte des Sees – dorthin, wo das Wasser am tiefsten war. Auf einmal hörte er Harfen und Flöten tönen und gedämpft auch das Geräusch von klapperndem Geschirr und fröhlichen Stimmen. Er beugte sich über den Rand des Bootes und blickte in die Tiefe. Tatsächlich: Da unten glitzerte ein prächtiges Schloss, Wassernixen schwammen fröhlich durch die Fenster und Türen, sie sangen lieblich und riefen ihm zu: »Komm zu uns, wir haben schon so lange auf dich gewartet.« Da wurde dem Fischerjungen ganz warm und fröhlich ums Herz und er sprang in die Tiefe und kam nie mehr zurück. Wer heute am Ufer des Sees unter Buchenbäumen unterwegs ist und eine Weile sehr stillsitzen kann, der hat vielleicht das Glück, den Gesang der Wassernixen und das helle Lachen des Fischerjungens zu hören.

zu entdecken. Der entstand, wenn heiße Aschen am Boden zusammengebacken sind. Tuff ist gut daran zu erkennen, dass in ihm andere kleine Steinchen enthalten sind. Die Vulkanologen nennen alles, was der Vulkan ausgeschleudert hat und danach nicht verfestigt ist, Tephra. Verfestigt sich dieses Material, wird es als Tuff bezeichnet.

Wer noch nicht gleich zurückgehen will, wirft noch einen Blick auf den halb durchgeschnittenen Vulkankegel »Alte Burg«, hundert Meter hinter dem Picknicktisch am oberen Weg. Wir sehen schöne rote Vulkanschlacken und darin große graue Aggregate. Das sind sogenannte Schweißschlacken. Große, oftmals meterlange Lavafetzen flogen aus dem Vulkan heraus, klatschten glühend auf die Erde und verschweißten mit anderen, die schon dort lagen. Ein sehr festes Material ist daraus entstanden.

Wer dann noch Kondition und Entdeckergeist übrig hat, der biegt von der Bimsgrube nicht zurück zum Kloster ab, sondern schloeßt eine Wanderung auf den Krufter Ofen an, um von der Teufelskanzel über die Landschaft der Pellenz und über das Neuwieder Becken zu schauen.

Der Weg auf die Teufelskanzel ist einfach. An der »Alten Bimsgrube« folgen wir dem asphaltierten Fahrweg geradeaus bis zur nächsten Wegekreuzung, dort halten wir uns nach links hangaufwärts, hier sind Krufter Ofen und Teufelskanzel bereits auf Wegweisern ausgeschildert. Der zusätzliche Weg ist etwa fünf Kilometer länger und beginnt mit einer Steigung von mehr als einhundert Höhenmetern bis zur Teufelskanzel. Aber der Weg lohnt sich, der Ausblick ist fulminant und reicht über das Neuwieder Becken bis in den Westerwald. Direkt unter der Teufelskanzel liegt ein kleiner See, der Krufter Waldsee. Ein ehemaliger Bimstagebau, der heute als Badesee da steht und im Sommer gerne als Freibad genutzt wird. Eine Pause oben auf der Teufelskanzel ist einfach obligatorisch. Der Weg nach unten führt dann immer seicht bergab. Die Beschreibung ist etwas schwierig, es mangelt im Wald an Merkmalen. Wer nicht den GPS-Track nutzt, macht es so: von der Teufelskanzel hangabwärts, die erste deutliche Wegkurve links

hangabwärts abbiegen, nach kurzem steht rechts am Wegesrand eine Aussichtsbank. Hundert Meter weiter in der Wegkehre wiederum eine Aussichtsbank. Diesem Weg abwärts folgen wir immer geradeaus, an Wegegabelungen rechts, bis rechts oberhalb des Weges wiederum eine Bank steht. Geradeaus und an der nächsten Wegekreuzung gehen diejenigen, die einen sicheren Weg wollen, geradeaus hangabwärts und sehen bald den Laacher See. Dort ist Weg zum Parkplatz klar ersichtlich.

Spannender aber ist an der Wegekreuzung der kleine Pfad nach links, er ist im Gelände eigentlich gut erkenntlich, die Kartenskizze hilft. Nach 1000 Metern erreichen wir eine Kreuzung von vier Wegen, sehen den Wegweiser zum Hochkreuz, erklimmen den Hügel und gehen auf der anderen Seite wieder herunter. Dann links den Weg entlang und der Weg hinunter zum Seeufer ist nahezu selbsterklärend, der Weg zum Parkplatz an der Abtei eindeutig.

Begegnung mit Fledermäusen

Auf unseren Exkursionen gehen wir immer mal wieder in eine Höhle oder einen alten Stollen, natürlich nur, wenn es offiziell erlaubt und ungefährlich ist. Alleine sollte man sowieso nie in unbekannte Gänge kriechen, es muss immer jemand draußen Bescheid wissen, das man dort drin ist – für alle Fälle.

Nun kann es passieren, dass in solch einer Höhle auf einmal eine Fledermaus an der Decke hängt. Auch in alten Häusern, Burgruinen und knorrigen Bäumen können die Tiere uns begegnen – Fledermäuse suchen sich zum Überwintern oft die ausgefallensten Orte. Da hängen sie dann und schlafen monatelang und müssen von den Vorräten leben, die sie sich in der Zeit zuvor angefressen haben.

Zusammen mit Dr. Andreas Kiefer, einem Fledermaus-Experten des NABU (Naturschutzbund Deutschland) haben wir ein paar Regeln ausgearbeitet, die man beachten sollte, wenn man plötzlich in einer Höhle eine Fledermaus findet.

- Generell solltet ihr in einer Höhle ruhig sein, Fledermäuse und andere Tiere können sich sehr gut verstecken, manchmal in Spalten, manchmal sogar im Geröll. Nur wenn ihr leise seid, könnt ihr die Tiere auch entdecken.

- Im Winter (November – April) sollte man grundsätzlich nicht auf Fledermaussuche gehen, denn für den Winterschlaf brauchen die Fledermäuse ihre Fettreserven. Jede Störung führt zu einem Aufwachen und diese Energie kann für den restlichen Winter fehlen. Daher ist es verboten, Fledermäuse im Winter zu stören und deswegen sind viele Höhlen oder Stollen vergittert.

- Aber Fledermäuse lesen keine Bücher und Gesetze, auch in offenen Höhlen oder Bergwerken sind sie zu finden und wollen nicht gestört werden. Manche Fledermäuse schlafen bis in den Mai und viele männliche Fledermäuse sind das ganze Jahr über in Höhlen zu finden.

- Wenn ihr eine Fledermaus seht, bleibt bitte ruhig und leise. Fledermäuse wachen leicht auf und eine Störung kann dazu führen, dass sie nie wieder in diese Höhle zurückkommen. Also auf keinen Fall »Iih, eine Fledermaus!« aber auch nicht »Boah, ist die süß!« schreien.

- Die Fledermaus nicht direkt anleuchten und auch nicht zu nah ran gehen, ein Meter Abstand sollte mindestens sein. Moderne LED-Lampen sind sehr hell und wenn die Fledermaus die Augen öffnet, können sie geblendet werden.

- Ihr durft die Fledermaus auch fotografieren, aber nicht zu oft. Seid ihr in einer Gruppe unterwegs, könnte ihr das Bild auch teilen. Auch hier gilt: Zurückhalten, zum Wohl der Fledermaus.

- Hat eure Taschenlampe eine Rotlicht-Funktion nutzt diese, dann könnt ihr eine Fledermaus ruhig etwas länger beobachten. Dennoch gilt: Leise sein!

- Wenn ihr euch an diese Spielregeln haltet, dann belohnt euch die Fledermaus vielleicht beim nächsten Besuch wieder mit ihrer Anwesenheit.

Nohner Wasserfall

4

Ein wachsendes Naturschauspiel

Im Sommer lädt der liebliche Bach zum Staudammbauen, im Winter schmücken bizarre Eiszapfen die Szenerie

» Der Weg zum Wasserfall war super aufregend. Wir konnten die Böschungen und kleine Felsen hinaufklettern. Aber der Höhepunkt war eigentlich der Wasserfall selbst. Obwohl es gar nicht so warm war, haben wir uns getraut, durch den Wasserfall hindurch in die Höhle dahinter zu klettern. Danach waren wir klitschnass. Aber das war es wert.«

(Samuel, 11 Jahre)

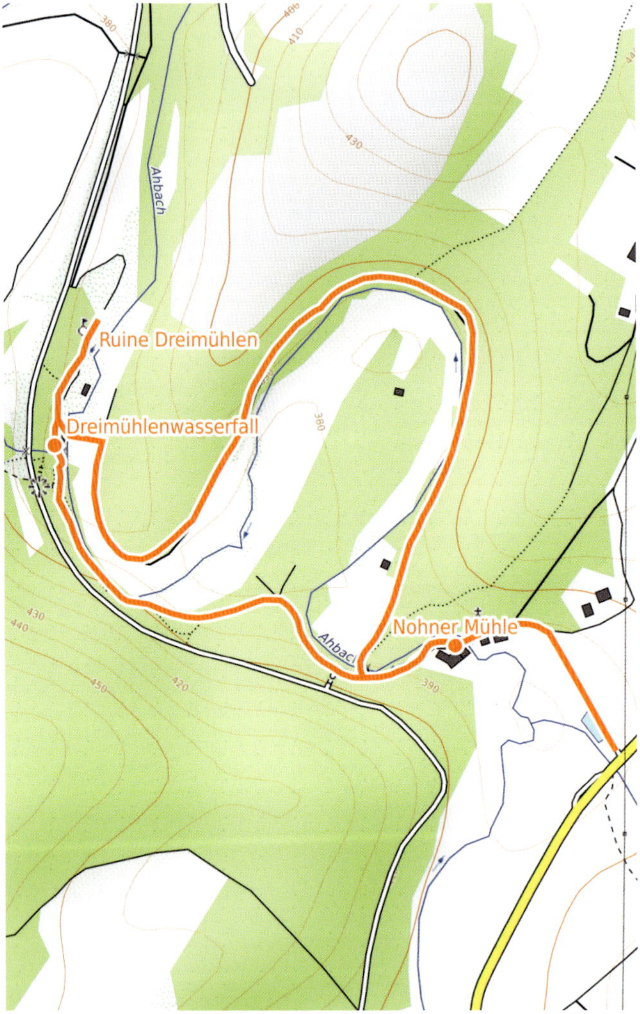
Ruine Dreimühlen
Dreimühlenwasserfall
Nohner Mühle
Ahbach
Ahbach

Geeignet für: Kinder, Omas und Opas, geländegängige Kinderwagen, eine ideale Tour für Eltern mit kleinen Kindern, oder diejenigen, die nicht so viel laufen wollen

Ausgangspunkt: Wanderparkplatz an der Nohner Mühle

Streckenlänge: 4 Kilometer
Wanderzeit: 1–2 Stunden
Höhenmeter Anstieg/Abstieg: 80 Meter
Anforderungen: leicht

KFZ-Navi: Nohner Mühle 2, 54578 Nohn

Einkehr: »Nohner Mühle« kurz hinter dem Wanderparkplatz

Picknickplätze: sehr schöne Picknicktische am Wasserfall

Attraktionen mit Eintritt: keine

Empfohlene Ausrüstung: je nach Wetterlage Gummistiefel, ein Handtuch, trockene Wechselklamotten. Man weiß nie. In unserem Fall sind die Jungs dem Wasserfall so nahe gekommen, dass sie ziemlich durchnässt zurücklaufen mussten.

Was man sammeln und entdecken kann: An der Mauer des Cafés in der alten Scheune hängt ein Kunstwerk-Automat, er funktioniert nach dem Prinzip eines Zigarettenautomaten, aber wir ziehen uns da kein schädliches Nikotin, sondern ein Kunstwerk.

Das Ziel der Tour ist ein ganz bizarrer Wasserfall. Er wächst nämlich jedes Jahr ein Stück. Während sich Wasserfälle normalerweise ins Gelände hinein fressen und rückwärts wandern, verlängert sich dieser hier nach vorne. Das liegt daran, dass das karbonatreiche Wasser an der Spritzkante Kohlendioxid freisetzt. Es entsteht Calciumkarbonat, welches das Moos überkrustet. In den vergangenen hundert Jahren wuchs der Wasserfall auf diese Weise um etwa zwölf Meter in die Landschaft hinein. Davor finden Besucher einen tollen Platz neben einem schönen Bach. Dort kann man einen Staudamm bauen. Oder die Kinder streunen etwas durch die Gegend und entdecken dabei eine im Wald versteckte Burgruine. Eine tolle Sommertour. Wer aber nichts gegen Kälte hat: Bei Frost im Winter ist die Tour sensationell.

Tourbeschreibung

Wer die Adresse ins KFZ-Navi eingegeben hat, muss am Parkplatz neben der Straße parken. Von dort aus geht es zu Fuß zur Mühle, das ist ein sympathisches Café in einer alten Scheune. Man sitzt drinnen oder bei schönem Wetter im malerischen Innenhof und verzehrt köstliche Kuchen und leckere Waffeln.

Aber bevor wir faul im Café landen, sollten wir beim Laufen erstmal ein bisschen hungrig werden. Der Weg zum Wasserfall ist einfach zu finden, wir folgen den Schildern. Zunächst passieren wir mächtige Felsen aus Kalkgestein auf der rechten Seite des Ahbaches, wir können sehr schön die abgelagerten Kalkschichten erkennen, die aber durch tektonische Bewegungen schräg gestellt sind. Nach der Kurve führt rechts des Weges eine Brücke über den Bach

Geschichte, zu erzählen bei der Rast:
Die alte Hexe der Burg Dreimühle

Um die Ruine der Burg Dreimühle rankt sich die Sage einer alten Hexe. Vor langer Zeit soll es im Dorf drei magische Frauen gegeben haben, die sich des Abends auf einer Wiese etwas abseits des Ortes trafen. Auf Besenstielen ritten sie dann gemeinsam zur Burg. Den ganzen Abend lang saßen sie dort mit der alten Hexe der Burg Dreimühlen zusammen, sponnen Zwirn und erzählten sich so manch gruselige wie lustige Geschichte. Um Mitternacht allerdings rief die alte Hexe »über alle Hecken und Zäune« und sogleich flogen die Dorffrauen auf ihren Besen zurück zur Wiese. Einmal allerdings soll die alte Hexe sich versprochen haben und stattdessen »durch alle Hecken und Zäune« gemurmelt haben. Und statt heile über die Landschaft zu fliegen, rappelten die Frauen durch das spitze Gehölz der Hecken und die Latten der Zäune und kamen mit zerfetzten Kleidern und reichlich Schrammen im Dorf an. Von da an, so sagt man, habe niemals mehr eine Dorfhexe versucht, abends zur Burg zu fliegen.

Geologischer Exkurs:
Ein wachsender Wasserfall

Dass der Dreimühlenwasserfall etwa zehn Zentimeter pro Jahr in die Landschaft hineinwächst, liegt am Carbonat, das im Wasser seiner Quellbäche enthalten ist. Als vor gut hundert Jahren die Eisenbahnlinie zwischen Dümpelfeld und Jünkerath gebaut wurde, waren die Quellbäche beim Schienenverlegen im Weg. Sie wurden deshalb umgeleitet und zu einem Bach zusammengefasst. Seither stürzt der Bach bei Üxheim über die Steinkante. Dabei setzt das carbonathaltige Wasser Kohlendioxid frei. Übrig bleibt Calciumkarbonat, das sich ansammelt und im Laufe der Zeit das Moos überkrustet. Seit dem Bau der Eisenbahnlinie ist der Wasserfall auf diese Weise um etwa zwölf Meter nach vorne gewachsen. Diese Besonderheit brachte dem Wasserfall auch den Titel eines Naturdenkmals ein.

Kalk (das ist Calciumcarbonat) hat eine außergewöhnliche Eigenschaft, es löst sich im kalten Wasser und fällt im warmen Wasser aus. Im Chemieunterricht haben wir gelernt, dass sich Stoffe für gewöhnlich besser im Wasser lösen, wann man das Wasser erwärmt. Im Wasser ist immer Kohlendioxid CO2 gelöst, im kalten Wasser deutlich mehr als im warmen Wasser. CO2 bildet mit dem H2O die schwache Säure Kohlensäure H2CO3, die den Kalk langsam löst. Auch wenn Wasser vernebelt wird – so wie es hier geschieht, wenn das Wasser über die obere Kante des Wasserfalls spritzt – entweicht das im Wasser gelöste CO2. Der Kalk kann dann nicht mehr aufgelöst werden und fällt aus.

und wir folgen dem Pfad um einen Mäander bis wir schließlich am Wasserfall angelangt sind. Dieser Bach gibt der Exkursion ihren besonderen Reiz, er ist flach und kann im Sommer gut durchwatet werden. Dann blühen auch die Wiesen im Inneren der Flussschleife, manchmal zieht auch eine Schafsherde darüber. Im Winter lassen die Bergrücken ringsherum dagegen nur wenig Sonne ins Tal. An jedem Ast hängen dann wunderschöne Eiszapfen, die Wiesen sind lange vom Raureif überzogen und der Wasserfall bietet erst recht ein zauberhaftes Bild: Er ist komplett mit funkelnden Eiszapfen verkleidet. Im Sommer lässt es sich auf dem Platz vor dem Wasserfall trefflich picknicken, der Blick gleitet durch die liebliche Umgebung, bleibt am Wasserfall hängen – und dann stellt sich dem Besucher unweigerlich die Frage: Wie kann es sein, dass ein Wasserfall nach vorne wächst?

Nach dem Picknick geht es am Wasserfall vorbei und den Weg geradeaus. Links am Hang steht eine Burgruine. Sie ist nicht besonders groß, allzu viel davon ist auch nicht erhalten, eine große Mauer steht herum. Neugierige Kinder sollten dennoch zu den Steinresten hinaufklettern und die Überbleibsel der Burg untersuchen. Vielleicht stoßen sie auf Reste eines alten Kerkers. Man weiß ja nie. Wir stehen jetzt oben neben der Mauer, der Rückweg geht zunächst den breiten Fahrweg entlang, bis wir zum Bächlein kommen, der den Wasserfall speist und einst auch gebildet hat. Vom Aussichtspunkt können wir den Wasserfall von oben betrachten, aber der Blick ist längst nicht so spektakulär wie von unten. Zurück zur Nohner Mühle geht es nun über den breiten Fahrweg oberhalb des Wasserfalls, die Nohner Mühle ist ausgeschildert. Viel spannender ist na-

türlich der kleine Pfad am Bach entlang. Dazu steigen wir wieder hinab zum Picknickplatz und laufen dann am Bach entlang. Hier ist Trittsicherheit erforderlich, wer einen Kinderwagen dabei hat, sollte den Weg keinesfalls wählen. Wenn es so richtig matschig ist, kann es schon mal passieren, dass eine kleine Rutschpartie in Richtung Bach die Wanderfreude trübt.

Insidertipp:

Der Wasserfall bietet auch abends in der Dunkelheit eine magische Kulisse, natürlich braucht es eine starke Taschenlampe, um ihn anzuleuchten. Ein spannendes Fotoprojekt für Hobbyfotografen, auch im Winter.

Mühlsteinhöhlen Hohenfels

5

Von der Höhle zum Lavastrom

Eine Abenteuerexkursion führt durch mystischen Wald zum schönsten Steinbruch der Eifel

» Die Höhlen mit einer Taschenlampe zu erkunden, ist unheimlich spannend. Vor allem, wenn man sich vorstellt, was hier früher vielleicht mal los war. Bestimmt haben hier auch mal Räuber ihre Beute versteckt. Wer weiß, vielleicht finden wir einen Schatz.«

(Freddy, 10 Jahre)

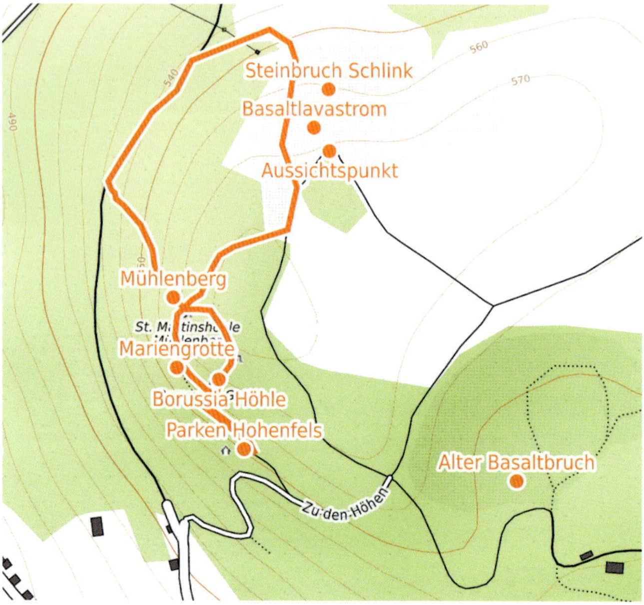

Geeignet für: Kinder aller Altersklassen, die kleinsten müssen eben in der Kraxe getragen werden, aber auch trittsichere Senioren können mitkommen. Nur für Kinderwagen ist der Weg keinesfalls geeignet.

Ausgangspunkt: Wanderparkplatz Mühlsteinhöhlen

Streckenlänge: 3 Kilometer, die spannungsgeladen sind und die verlängert werden können

Wanderzeit: Eigentlich handelt es sich um ein kurzes Wegstück. Legt man das Ganze als Höhlenexkursion an, können aber schnell ein paar Stunden vergehen.

Höhenmeter Anstieg/Abstieg: ca. 150 Meter

Anforderungen: Trittsicherheit ist erforderlich

ÖPVN: leider nicht

KFZ-Navi: 54570 Hohenfels-Essingen, Am Mühlenberg

Picknickplätze: Ein sehr schöner und für die Abgelegenheit des Ortes fast schon perfekt ausgestatteter Picknickplatz liegt kurz hinter dem Parkplatz. Es gibt einen Spielplatz und sogar Toilettenhäuschen dazu. Alles ist direkt neben imposanter Felswand gelegen.

Attraktionen mit Eintritt: Für Eisenbahnromantiker ist diese Tour vielleicht eine Gelegenheit vorab oder hinterher wie vor hundert Jahren durch die Lande zu reisen. Durch Hohenfels-Essingen führt nämlich die Ende des 19. Jahrhunderts erbaute Eifelquerbahn mit einem historischen Schienenbus oder als Dampfzugsonderfahrt. Die Strecke schlängelt sich von Gerolstein über Pelm nach Hohenfels und ins benachbarte Dockweiler, dann geht es weiter nach Daun und Ulmen.

Empfohlene Ausrüstung: Taschenlampen, gutes Schuhwerk, wärmende Kleidung, kleine Plastiktüten oder kleine Schachteln

Was man sammeln und entdecken kann: In den Lavaschichten rund um den Steinbruch finden wir viele Biotitkristalle, das bei den Kindern gleich an Wert gewinnt, wenn wir es bei seinem kolloquialen Namen »Katzengold« nennen.

Wir wollen ehrlich sein: Das ist keine Wanderung, dafür ist die Tour zu kurz. Das ist vielmehr eine Abenteuerexpedition durch einen mystischen Wald, in dem es etliche Höhlen zu erforschen gilt. In einem alten Steinbruch entdecken wir einen gewaltigen Lavastrom und alte Bergbaukräne. Direkt am Parkplatz liegt ein toller Spielplatz inmitten eines alten Steinbruchs mit etlichen schönen Picknicktische.

Tourbeschreibung

Das Navi führt uns von der Hauptstraße, der B 410, durch Hohenfels auf die Straße »Am Mühlenberg« und schon sind wir fast da. Wir kurven ein paarmal recht eng durch die Häuser, einige antik anmutende Wegweiser zeigen uns, dass wir richtig sind. Hinter Wiesen führt die Straße dann in den Wald. Es geht steil aufwärts, kurz bekommen wir ein Hochgebirgsgefühl und auf einmal ist die Straße zu Ende. Ein paar Parkplätze sind vorhanden, gerade nur so viele, dass der Ankommende gleich merkt: dieser Ort ist wirklich kein touristischer Hotspot, sondern ein Geheimtipp. Hier oben gibt es eine Grillhütte, die im Ort gemietet werden kann, einen Spielplatz zwischen gewaltigen Basaltwänden, sogar Toiletten und Waschgelegenheit und mehrere Tische mit Sitzplätzen laden zum Picknicken ein.

Aber das Vesper sollten wir uns für die Zeit nach der Tour aufheben. Erst geht es ins Abenteuer. Neben den Grillhütten führt ein Pfad über Stufen hinauf auf den Mühlenberg, wir gelangen in einen Wald mit hohen Buchen und durcheinandergewirbelten Felsen, die dick mit Moos überzogen sind. Eine echte Urzeitlandschaft erwartet uns, bei jedem Wetter hat sie ihren stimmungsvollen Reiz. Im Frühling lichtdurchflutet, im Sommer schattig unter den Buchen und wenn dann im Herbst noch Nebel aufzieht, verströmt die Gegend eine wahrhaft mystische Atmosphäre.

Der Rundweg ist ausgeschildert, die Höhlen am Wegesrand müssen wir allerdings selbst entdecken. Immer wieder taucht da ein Loch in der Felswand auf, manche sind versteckt hinter Felsbrocken, manche stellen sich ganz selbstbewusst mit Namensschild vor. Einige der Löcher erwecken den Anschein, ihren Erkunder nach ein paar Schritten steil in ihren felsigen Schlund hinunterzuziehen. Aber keine Sorge, alle Höhlen sind vollkommen ungefährlich. In ihnen lauern weder gefährliche Abgründe, noch können sie einstürzen. Und um ganz ehrlich zu sein, sie gehen auch nicht allzu weit in den Berg hinein. Dennoch ist es abenteuerlich, nur mit einer Taschenlampe bewaffnet ins Dunkel vorzudringen und die Höhlen zu erforschen.

Geologischer Exkurs:

Zwischen 800.000 und 600.000 Jahre ist es her, dass der Mühlenberg-Vulkan ausbrach, Tephra (vulkanisches Lockermaterial) ausstieß und Basalt ausfließen ließ. Die glühende Basaltlava bildete einen Lavasee, der zu einer riesigen Basaltlavaplatte erstarrte. Darunter liegen einige Meter Tephra. Daran können wir erkennen, dass der Vulkan zunächst Lava durch die Luft sprühte, erst später flossen aus dem Vulkan breite Lavabäche. Der Basalt ist im wahrsten Sinne des Wortes steinhart, die Tephra sind überwiegend locker und lassen sich manchmal sogar mit den Händen zerkrümeln. Ursprünglich war die Landschaft hier flacher, erst im Laufe der Erdgeschichte furchten sich die Täler tief nach unten, die Basaltplatte verhinderte zum Teil die Erosion des Mühlenberges. Allerdings war die Basaltplatte einst größer, ihre äußeren Bereiche fielen der Erosion anheim, die Abhänge des Berges sind von einem Meer aus Basaltblöcken bedeckt – den Resten der einstigen Basaltplatte. Am südlichen und am nordwestlichen Rand ist die Basaltplatte

durch die Steinbrucharbeiten quasi angeknabbert. Den südlichen Steinbruch besuchen wir auf unserer Exkursion.

Der Basalt des Mühlenberges ist insbesondere im oberen Teil derart porös, dass er als Werkstein verwendet werden konnte. Die vielen Poren entstanden aus kleinen Gasbläschen, die in der Lava steckten. Weil die Lava abkühlte und zäh wurde, konnten die Gasbläschen nicht mehr entweichen und blieben als Poren im Basalt zurück. Jahrhunderte lang wurde der Basalt hier gebrochen und als Ornamentstein für Skulpturen zum Beispiel nach Indien und Ägypten verschifft. Große Mengen des porenarmen Hartbasaltes in anderen Partien wurden zu Pflastersteinen verarbeitet. Einige von ihnen liegen auch vor dem Berliner Reichstag. Dieser Basalt ist nahezu unverwüstlich und hält fast ewig, er wird deshalb auch Zähbasalt genannt. Um an die hochwertigste Lava zu gelangen und daraus Mühlsteine zu hauen, gruben die Arbeiter Höhlen in den Fels.

Wenn wir drin sitzen in diesen Höhlen, müssen wir mit den Taschenlampen Wände und Decken ableuchten. Wer genau hinsieht, entdeckt dabei im Durchmesser einen Meter große, runde Kreise an der Wand. Überall dort wurde einst ein Mühlstein aus dem Fels gemeißelt. An manchen Stellen hängen diese sogar noch halbfertig herum.. Wir müssen uns vorstellen, wie diese Höhlen entstanden sind. Die Steinhauer aus dem Ort kamen hier herauf und gruben sich mit Hammer und Meißel ins Gestein hinein, jeder Zentimeter Fortschritt in die Tiefe wurde mit harter Arbeit erkämpft. Kein Mensch würde das heute noch machen wollen, da ist man besser Betriebswirt und sitzt am Schreibtisch als im Schweiße seines Angesichts Basalt zu zermeißeln. Aber damals gab es Menschen, die hatten keine Alternative. Sie mussten diese Arbeit machen, dabei verdienten sie nicht mal besonders gut damit. Ungefährlich war die Sache auch nicht, immer wieder passierten schwere Unfälle, wenn zum Beispiel ein dicker Basaltbrocken unvermittelt von der Decke krachte.

Die größte Höhle von allen ist die Schwedenfestung. Sie heißt so, weil man sich erzählt, dort habe sich während des Dreißigjährigen Krieges eine Gruppe schwedischer Soldaten verschanzt. Wer auf ihren Spuren wandeln will, muss schon recht tief hinein in die absolute Dunkelheit, ohne Taschenlampe kommt man nicht sehr weit.

Auch wenn alles weitgehend ungefährlich ist, müssen Höhlenforscher unbedingt zwei wichtige Regeln einhalten.

1. Erkunde eine Höhle nie allein, nimm immer mindestens einen Freund oder eine Freundin mit. Denn auch in der kleinsten Höhle kannst du dir den Fuß verstauchen und dann kommst du vielleicht nicht mehr raus und musst verdursten.

2. Nimm immer mindestens zwei Taschenlampen mit in eine Höhle und stecke für alle Fälle auch Reserve-Akkus ein. Falls dir eine Taschenlampe runter fällt und zerbricht, hast du immer noch eine als Ersatz dabei.

Da die Höhlen von Hohenfels nicht sehr weitläufig sind, reicht es, wenn draußen jemand stehen bleibt und weiß, dass ihr da drin seid.

Die Felsenlandschaft endet schließlich und der Pfad führt durch den Wald immer hangabwärts, macht ein paar Serpentinen, windet sich durch herumliegende Lavabrocken. Wir gelangen auf einen großen Fahrweg, rechts im Wald liegen noch ein paar große, herausgehauene Mühlsteine mit einem Loch in der Mitte. Wir folgen dem Weg nach rechts und biegen an der Schranke wieder nach rechts ab. Der Pfad zieht sich etwa hundert Meter hangaufwärts. Wir ignorieren ein Warnschild mit der Aufschrift »Vorsicht Sprengarbeiten« – es ist nicht mehr aktuell, denn im dahinterliegenden Steinbruch Schlink auf dem Mühlenberg wird kein Basalt mehr abgebaut – und schließlich stehen wir vor einer gigantischen Mondlandschaft. Alte Bergbaukräne stehen herum und zeugen von einer Zeit, als die Steinbruch-Industrie noch viel bedeutender war als heute. Basalt ist das wichtigste Gestein weit und breit, Straßen wurden seit der Römerzeit damit befestigt, Flüsse hat man damit in ihr Bett gezwängt, die Deiche der Nordseeküste bergen in ihrem Innern Basaltkerne und auch die Türme des Kölner Doms stehen auf tiefen Basaltfundamenten.

Einzigartig ist der Blick auf den hier abgebauten Lavasee. Wer hier steht, muss sich dringend den aktiven Vulkan vorstellen, aus dem hier einst rotglühende Lava floss, sich in einer Mulde sammelte und zu einem Lavasee aufstaute. Die Lava kühlt ab und erstarrt zu Basalt. Während sie aber so unendlich heiß glühend dalag, hat sie die Erde unter sich geröstet. Gefrittet, sagt der Vulkanologe. In der Erde enthaltene Eisenverbindungen oxidieren dabei und werden rot. Genau das sehen wir im Steinbruch. Unter der etwa zehn Meter hohen Basaltlavawand liegt eine rote Schicht, die gefrittete Erde. Ganz exakt können wir erkennen, wo die Lava auf der Erde auflag. Die Grenze ist so glatt, als hätte sie jemand mit einem Messer gezogen. Oben auf dem Basalt türmen sich dann wieder gut gezeichnete Schichten lockere Tephra – Material, das ein an-

derer Vulkan ausgespuckt hat. Hier lagerten sie sich gut sortiert ab.

Wer es bis hierhin geschafft hat, macht vielleicht eine kleine Pause. Die Kinder spielen mit herumliegenden Autoreifen, sammeln Katzengold, zerhämmern Steine oder erklimmen einen der Sandberge, was sich als ziemlich anstrengend und vor allem schmutzintensiv herausstellt. Aber alle sind guter Stimmung und Eltern, die ein Buch dabei haben, schaffen hier gut und gerne fünfzig Seiten, ehe dem Nachwuchs langweilig wird. Sollte das irgendwann dennoch passieren, verlassen wir den Steinbruch, gehen rechts den Fahrweg hoch, bekommen noch einen schönen Einblick in den Bruch von oben und biegen 50 Meter hinter der Schranke wiederum rechts ab. Durch den Wald

Geschichten, zu erzählen bei der Rast:

Wie konnten die Mühlsteinhauer in diesen Höhlen riesige Mühlsteine aus dem Felsen herausarbeiten? Klar ist: nur unter größter Anstrengung, denn es war eine sehr schwierige Angelegenheit. An den Wänden oder über Kopf an der Decke meißelten die Steinbrecher einen runden Mühlstein frei. Dann schlugen sie an der Rückwand eine Rinne rundherum. Dort hinein wurden nasse Holzkeile getrieben. Das Wasser ließ das Holz aufquellen, es dehnte sich so stark aus, bis es den im Fels festhängenden Mühlstein aus der Wand sprengte. Er riss einfach ab und fiel zu Boden. Ist er dabei kaputt gegangen, war die Arbeit umsonst.

führt der Pfad, markiert mit einem roten G auf weißem Grund. Bald passieren wir eine Mariengrotte, eine kleine Freiluftkirche. Wir können sie nicht verfehlen, im Felsen thront eine Staute der Jungfrau Maria. Direkt dahinter erreichen wir eine Schutzhütte, wo wir uns unterstellen könnten, sollte uns mal ein Regenguss überraschen. Gehen wir den Pfad nur ein kleines Stück weiter, erkennen wir die Stelle wieder, an der unsere Exkursion startete. Hangabwärts laufen wir zum Parkplatz. Doch bevor wir abfahren, ist es nun endlich Zeit für ein ausgiebiges Picknick.

Wen das Höhlenerforschen schon vorher hungrig gemacht hat, der kann sein Butterbrot auch schon in den Felsen der Höhlenlandschaft essen. Oder natürlich im alten Steinbruch.

Hochstein mit Genovevahöhle

6

Hoch hinaus und tief hinab

Wer zur Genovevahöhle bei Ettringen gelangen will, hat erstmal einen Aufstieg vor sich. Dann geht es hinab in eine verwunschene Unterwelt

» Wir haben Fledermäuse gesehen. Die schlafen noch bis zum Frühling.«

(Nicolas, knapp 3 Jahre)

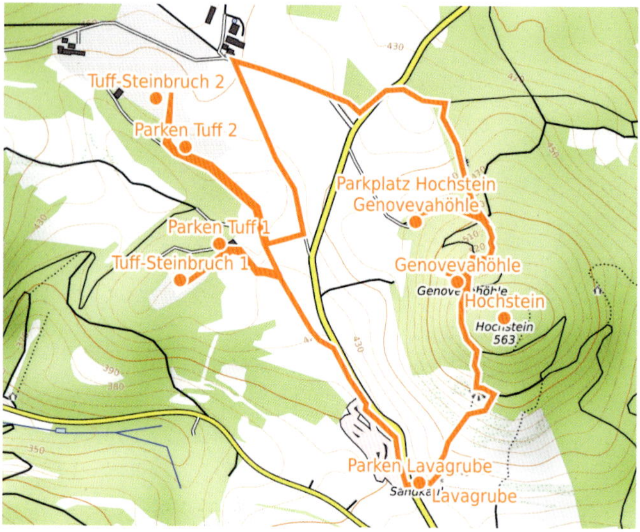

Geeignet für: Kinder ab drei Jahren

Ausgangspunkt: Wanderparkplatz Genovevahöhle an der Straße zwischen Ettringen und Bell (ausgeschildert)

Streckenlänge: 6 Kilometer
Wanderzeit: 2–3 Stunden
Höhenmeter Anstieg/Abstieg: 200 Meter
Anforderungen: keine besonderen, festes Schuhwerk ist allerdings wichtig. Zumal man nur mit solchem bei der Höhle auch auf ein paar Felsen klettern kann

KFZ-Navi: Rodderhöfe, 56743 Mendig – wir fahren nicht in die Straße hinein, sondert parken hundert Meter weiter Richtung Ettringen auf der gegenüber liegenden Straßenseite auf dem ausgeschilderten Wanderparkplatz Hochstein

Picknickplätze: Bei schlechtem Wetter bietet sich der Platz vor der Hochsteinhöhle an. Der ist durch den Felsen natürlich überdacht. Es stehen Bänke dort und sogar ein kleiner Grillplatz ist angelegt. Wenn das Wetter besser ist, picknickt es sich auch in den alten Tuffsteinbrüchen prima.

Attraktionen mit Eintritt: Wer Kinder dabei hat, die gerne Ritter wären, der plant einen Abstecher zu Schloss Bürresheim. Im Mittelalter war das Ganze eine Burg, also gleichzeitig Wohnsitz und Wehrbau. Aber da die Innenausstattung heute prachtvoll daherkommt, ist die Bezeichnung Schloss schon angemessen. Das Schloss ist übrigens auch in Filmen zu sehen, zum Beispiel in »Indiana Jones und der letzte Kreuzzug« oder in der WDR-Verfilmung von »Rumpelstilzchen«. Schloss Bürresheim ist auch deshalb ein so schönes Ausflugsziel, weil es anders als fast alle anderen Burgen im Rheinland nie besetzt oder zerstört wurde. Erwachsene zahlen fünf Euro Eintritt, Kinder ab sieben Jahren drei. Wer vorher anruft, kann auch eine Führung buchen.
www.burgen-rlp.de, www.eifel.info/a-schloss-buerresheim

Empfohlene Ausrüstung: Eine kleine Dose für Biotitkristalle kann nicht schaden, ebenso eine kleine Tüte für Lapilli.

Was man sammeln und entdecken kann: Richtiges Gold ist es zwar nicht, aber wer an den Höhlen in den Lapilli hämmert, findet Biotitkristalle, die man auch Katzengold nennt, weil sie in der Sonne so schön dunkel funkeln. Im Steinbruch findet sich massig Tuffgestein, das als Baumaterial vieler Kirchen und Gebäuden im Rheinland diente.

Staunende Kinderaugen sind auf dieser Tour programmiert. Hier gibt es einiges zu entdecken, was so manch einer unter den gemeinen Wandersmännern und Wandersfrauen vielleicht noch nie gesehen hat. Katzengold zum Beispiel, aber auch Fliegen, deren Flügel wie vergoldete Serviettenspitze funkeln. Und da viel rumgeklettert und geklopft werden kann, sind alle Teilnehmer am Ende auch wunderbar ausgepowert.

Tourbeschreibung

Wir parken auf dem Wanderparkplatz Hochstein. Gleich gegenüber stoßen wir auf die Wanderwegmarkierung des Traumpfades »4-Berge-Tour« und folgen diesem Wege bis auf weiteres hinauf durch den Buchenwald bis zur Genovevahöhle. Dort wartet nicht nur ein unterirdisches Labyrinth und auch ein durch imposante Felsen geschützter Picknickplatz auf die Wanderer, sondern auch ein wunderbarer Aussichtsbalkon, von dem aus man einen herrlichen Blick weit hinüber bis zum Laacher See werfen kann.

An der Höhle angekommen, stärken wir uns entweder vor der Erkundung auf den bereitgestellten Bänken, oder wir kramen gleich nach der Taschenlampe im Rucksack, setzen vielleicht auch einen Fahrradhelm auf und wagen uns hinein in die absolute Dunkelheit der Genovevahöhle. Es ist nicht eng hier unten, aber bücken muss man sich schon ein paar Mal und wer keine Taschenlampe dabei hat, ist hier verloren. Ein bisschen unheimlich ist die Begehung natürlich, aber dafür werden wir am Ende des etwa zehn Meter langen Ganges mit einem kleinen Höhlenzimmer belohnt. Im Licht der Taschenlampe fällt ein Tier ins Auge: Eine Fliegenart, deren Flügel golden funkeln wie flüssiges Gold.

Die Genovevahöhle, aber auch die Felsen in der Umgebung bestehen aus fester Lava, auf der man prima klettern kann.

Weiter geht es nach einem Picknick am Höhleneingang auf den Aussichtsbalkon, zu dem über der Höhle ein paar steile Stufen führen. Wer wieder hinabsteigt, wählt den Traumpfad und folgt diesem bis zur Lavagrube. Dort gähnen kleine Höhlen in den lockeren Lapilli-Lagen des Hochstein-Vulkans. Lapilli sind erstarrte und erkaltete kleine Lavatropfen. Hier sollten wir unseren Rucksack nochmal absetzen und in seinem Inneren nach dem mitgebrachten Hammer kramen. In den Lapilli finden sich nämlich oftmals Biotitkristalle. Wer mineralogische Fachbegriffe nicht so eingängig findet, kann diese auch einfach Katzengold nennen. In jedem Fall: Klopfen und das Zeug in einer kleinen Dose sammeln. Derjenige, dem man sie mitbringt, wird staunen.

Wer genug Schätze angehäuft hat, wählt wieder den Traumpfad neben der Straße. Nach links zweigt bald ein Fahrweg ab, dem folgen wir, um am ersten Weg wieder links abzubiegen. Direkt vor dem Haus, das wir schon von weitem sehen, geht es links in die alten Tuffsteinbrüche. Auch ein Wegweiser macht auf sie aufmerksam.

Geschichte, zu erzählen bei der Rast:

Die Genovevahöhle hat eine sagenumwobene Vergangenheit. Sie soll nämlich einst der schönen Genoveva und ihrem kleinen Sohn als Versteck gedient haben. Und das kam so: Einst lebte in der Eifel der Pfalzgraf Siegfried. Als er in den Krieg zog, ließ er seine schwangere Frau, Genoveva von Brabant, zurück. Kaum war er weg, versuchte der Hofmarschall sie zu verführen. Weil sie ihn abblitzen ließ, geriet der Hofmarschall in Zorn und behauptete nach Siegfrieds Rückkehr, Genoveva sei mit dem Hofkoch untreu gewesen. Siegfried war außer sich vor Zorn und ließ den Koch töten,

Die alten, mittlerweile stillgelegten Steinbrüche sind für Kinder vor allem ein riesiger Abenteuerspielplatz. Hier lässt sich wunderbar der Hammer rausholen und Kraftprotze können an den Wänden des Bruchs prima Steinhauer spielen. Aber auch die Freunde der Fauna kommen auf ihre Kosten, kann man hier doch mit etwas Glück Eidechsen oder Geburtshelferkröten entdecken, die sich im Sommer auf den heißen Steinen sonnen. Natürlich ist so ein Steinbruch nicht unbedingt ein Ort der perfekten Sauberkeit. Gerade wenn es kurz zuvor geregnet hat, steht das Wasser noch in matschigen Pfützen, in die man prima reinspringen kann.

Wieder zurück auf dem Fahrweg biegen wir links ab, nach 200 Metern kommen wir an den großen Tuffsteinbrüchen vorbei. Das Gelände gleicht einem großen Abenteuerspielplatz. Hier können Kinder toben, hämmern, aber sich auch

Genoveva und seinen Sohn verstieß er, Jäger im Wald sollten die beiden töten. Doch die Jäger hatten Mitleid und ließen Frau und Kind laufen. Genoveva versteckte sich hernach mit ihrem Sohn Schmerzensreich in einer Höhle und ernährte sich von Waldbeeren und Wurzeln und der Milch einer weißen Hirschkuh. Viele Jahre später entdeckte Siegfried auf der Jagd die weiße Hirschkuh, die ihn zu seiner Frau und seinem Sohn führte. Genoveva nutzte die Gelegenheit, um endlich die wahre Geschichte zu erzählen. Da weinte Siegfried vor Glück, entschuldigte sich und nahm Frau und Sohn wieder mit auf seine Burg. Nur dem intriganten Hofmarschall, dem sollte es hernach schlecht ergehen.

still auf die Lauer legen. Denn wer im Sommer kommt und sich ruhig verhält, der entdeckt vielleicht Eidechsen, die sich oft in stillgelegten Steinbrüchen eingerichtet haben. Wer hier sitzt und picknickt, kann sich aber auch einfach vorstellen, wie Menschen im Mittelalter hier riesige Steine unter großer Anstrengung abgeklopft und wegtransportiert haben. Der Steinbruch diente nämlich als Quelle für den Bau der romanischen Kirchen Kölns oder des Bonner Münsters. Wer mag, kann ein Stück Tuff mitnehmen und dann beim nächsten Kirchenbesuch oder einfach beim Spazierengehen in der Stadt mit einem der Kirchengebäude vergleichen.

Aber Achtung: alle paar Jahre wird in den Steinbrüchen doch noch einmal Tuff abgebaut, zuletzt war das 2019 der Fall. Dann ist das Betreten natürlich verboten.

Nach Besuch der Tuffsteinbrüche geht es wieder zurück zum Auto. Wir biegen links ab und laufen bis zu den Rodderhöfen mit den Pferdeweiden. Dort halten wir uns rechts und wandern bis zum alten Haus an der Straße. Es geht links etwa hundert Meter an der Straße entlang (leider ohne Pfad), dann schlagen wir auf der gegenüber liegenden Seite rechts den Weg ein, er mündet wieder in den markierten Traumpfad. Ein paar hundert Meter steigen wir hangaufwärts, dann geht es rechts zum Parkplatz.

Wer kleine Kinder hat, die ungern laufen, aber trotzdem einer abenteuerlichen Entdeckungstour nicht abgeneigt sind, kann die drei Highlights der Tour (Genovevahöhle, Lavagrube mit Katzengold und die Tuffsteinbrüche) auch einzeln mit dem Auto anfahren. Die Parkplätze sind auf der Karte eingezeichnet. Von dort ist es jeweils nicht sehr weit bis zu Höhle, Grube oder Steinbruch.

Geologischer Exkurs:

Auf dieser Exkursion können wir verschiedene Lavaarten entdecken, die sich leicht unterscheiden lassen.

Unter **Lapilli** (italienisch »Steinchen«) werden in der Vulkanologie erbsen- bis nussgroße (2–64 mm große) Pyroklasten bezeichnet, die bei einem explosiven Vulkanausbruch gefördert werden, das heißt es sind Lavatropfen, die durch die Luft fliegen, während des Fluges erkalten und fest werden.

Tuff ist ein verfestigtes vulkanisches Auswurfmaterial mit überwiegend sehr kleiner Korngröße (< 2mm). Der Ettringer Tuff entstand aus heißen vulkanischen Aschewolken des Riedener Vulkans, wie wir sie zum Beispiel auch vom Mount St.Helens in den USA kennen. Der Riedener Vulkan brach in der Zeit zwischen 390.000 Jahren und 200.000 Jahren vor heute immer wieder aus

Schweißschlacken (Agglutinate) entstehen aus glühenden Lavafetzen, die beim Vulkanausbruch aus dem Krater ausgeschleudert werden, meist rings um den Förderschlot zu Boden fallen und miteinander verschweißen. Schweißschlacken können klein sein, aber auch Größen von zwei und mehr Metern erreichen. Ein Schlackenkegel besteht oft zum Teil aus Schweißschlacken, die besonders fest und verwitterungsresistent sind. Die Felsen um die Hochsteinhöhle bestehen aus Schweißschlacken, aber auch der Ettringer Bellerberg und der Kottenheimer Büden.

Hohe Buche
bei Andernach

7

Vom Lavastrom, der in den Rhein floss

Wandern auf den Spuren eines Science-Fiction-Thrillers

» Ich will alleine klettern. Du musst mir nicht die Hand geben.«

(Nicolas, knapp 3 Jahre)

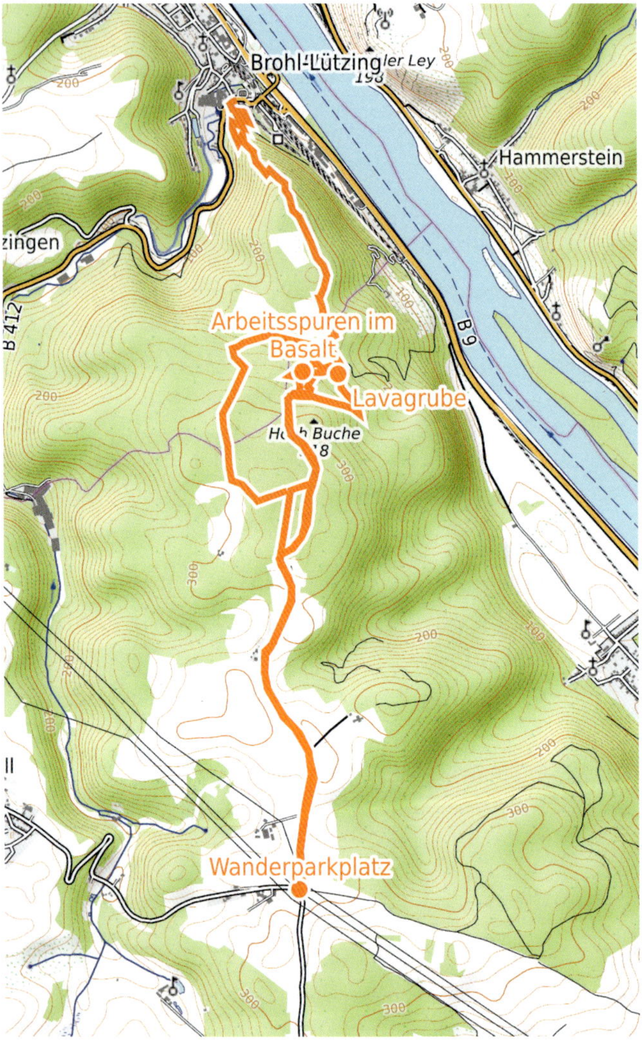

Geeignet für: Die Tour erfordert an einigen Stellen Trittsicherheit und ist nicht kinderwagengeeignet

Ausgangspunkt: Wanderparkplatz an der K 58 zwischen Kell und Eich

Streckenlänge: Anmarsch vom Parkplatz etwa 2–2,5 Kilometer, Rundweg durchs mystische Gelände etwa 1–2 Kilometer, insgesamt 7 Kilometer
Wanderzeit: 3 Stunden plus Pausen
Höhenmeter Anstieg/Abstieg: kein nennenswerter Anstieg bzw. Abstieg
Anforderungen: nicht allzu anstrengend

KFZ-Navi: Hof Jakobstal 1–2, 56626 Andernach, der Wanderparkplatz liegt von dort 150 Meter Richtung Andernach in der Kurve

Picknickplätze: Im alten Steinbruchsgelände der Hohen Buche gibt es schöne Plätze zum Picknicken, manchmal eignet sich einfach ein großer Felsen zum Draufsitzen

Attraktionen mit Eintritt: keine

Empfohlene Ausrüstung: gute Schuhe, die auch zum Klettern in den Felsen geeignet sind

Was man sammeln und entdecken kann: Die Tour führt durch den Buchenwald. Neben dem Sammeln von Erkenntnissen über den Abbau des Vulkangesteins, das auf vielen Tafeln erklärt wird, können vor allem Kleinkinder im Wald banale, aber hochspannende Dinge sammeln wie Stöcke, Laub, Rinde, Moos, tote Insekten oder – sehr nützlich – auch Müll.

Stellen wir uns vor, in der Eifel bricht ein Vulkan aus. Ein breiter Strom glühender Lava fließt in den Rhein und versperrt dem Wasser ganz oder teilweise den Weg. Kommt Euch unwahrscheinlich vor? Tatsächlich passierte genau das vor 110.000 Jahren bei Andernach. Der Vulkan »Hohe Buche« brach aus, Lava floss ins Rheintal, verschloss es aber glücklicherweise nicht ganz. Das Wasser konnte an ihm vorbei weiterfließen. Den mächtigen Basaltlavastrom, der erkaltete und so die Jahrhunderte überdauerte, entdeckten schon die Römer. Sie erkannten den Nutzen und bauten das Gestein fleißig ab, wie wir an vielen historischen Arbeitsspuren erkennen können. Den in Bonn lebende Vulkanologie-Professor Ulrich Schreiber von der Universität Duisburg-Essen inspirierte dieser Vulkan zu seinem Bestseller, dem Geo-Thriller »Die Flucht der Ameisen«. Wir wandern durch eine mystische Felsenlandschaft, in der etliche Infotafeln das Geschehene erläutern.

Tourbeschreibung

Der Wanderparkplatz liegt einsam mitten in den Äckern an der Straße. Wir stellen den Wagen ab und folgen erst einmal dem Wegweiser zur Hohen Buche über den asphaltierten Fahrweg. Eventuell kommt schon mal ein Auto vorbei, denn am Ende der Straße liegen noch einige Häuser. Wirklich Verkehr kann man das aber nicht nennen. Der Vorteil der Parkplatz-Lage wird schon nach den ersten Schritten deutlich: er liegt ganz oben. Der Weg führt über den Höhenzug weiter, wir haben wunderbare Aussichten über die Eifel und auf der anderen Seite des Rheintals weit hinein in den Westerwald. Außerdem steht uns kein Anstieg bevor, später im Wald geht es nur ein kleines bisschen hoch und runter.

Wir genießen die Ausblicke und lassen uns den Wind durch die Haare pusten, denn es kann schon mal ordentlich ziehen hier oben. Im Sommer sollte man keinesfalls die Sonnencreme vergessen. Der Weg führt immer geradeaus. Am Knopshof, dort, wo der Weg in den Wald mündet, können wir in einem großen Gehege ein Rudel Rehe beobachten. Das ist vor allem für kleine Kinder spannend, denn im Wald sind die Tiere ja meistens nur noch ganz kurz von hinten zu sehen. Am Wald entdecken wir Wegweiser zur Hohen Buche, aber wir können uns auch an den Markierungen des Rheinburgenweges orientieren. Es geht in den Buchenwald hinein, der mit teils sehr hohen Bäumen beeindruckt. Im Winter scheint die Sonne durch die laubfreien Äste, im Sommer ist es angenehm schattig. Ein Wald wie aus dem Bilderbuch. All diejenigen, die sich mit den Tieren, Vögeln und Pflanzen des Waldes beschäftigen möchten, sind hier richtig.

Aber wir wollen ja eigentlich zum Vulkan, der Weg führt etwas hangabwärts, noch deutet nichts auf einen Vulkan hin, keine Lavabrocken liegen am Wegesrand. Aber an der nächsten Kreuzung tauchen auf einmal Infotafeln des Vulkanparks

Geschichte, zu erzählen bei der Rast:

Und was wäre, wenn heute ein Vulkan ausbrechen und ein Lavastrom in den Rhein fließen würde? Ulrich Schreiber aus Bonn, Professor für Vulkanologie in Essen, hat über diese Frage viel nachgedacht. Schreiber erforscht die Vulkane der Eifel. Die Hohe Buche ist einer seiner Lieblingsvulkane, hier ist er oft zu Untersuchungen gewesen und dabei kam ihm die Idee für eine Science-Fiction-Geschichte. Damals vor 110.000 Jahren gab es keine Städte, keine Straßen und Eisenbahnen. Es gab nur ein paar Steinzeitmenschen und Tiere, die hoffentlich rechtzeitig die Flucht ergreifen konnten. Die Folgen eines Vulkanausbruchs waren vergleichsweise überschaubar. Heute würde ein Lavastrom, der in den Rhein fließt und das Mittelrheintal abdichtet, eine Katastrophe auslösen, von der ganz Europa betroffen wäre. Der Lavastrom würde eine gewaltige Staumauer bilden, die weder mit Baggern noch mit Sprengstoff beseitigt werden könnte. Das Wasser im Rhein würde sich schnell aufstauen. Köln, Düsseldorf und das Ruhrgebiet säßen auf dem Trockenen. Das Mittelrheintal wäre dagegen komplett überschwemmt, ein gewaltiger Stausee würde sich bilden. Eisen-

auf, die mit schönen Abbildungen illustrieren, was hier einst geschah. Alles begann mit einer heftigen phreatomagmatischen Phase, wir müssen uns das vorstellen wie beim Stromboli in Süditalien. Aus dem Vulkankegel sprühte unablässig Lava empor. Anschließend floss ein breiter Lavastrom aus dem Vulkan hinab ins Rheintal. Diese Lava erstarrte zu hartem grauen Basalt, einem der häufigsten vulkanischen Gesteine im Rheinland. 110.000 Jahre später kamen römische Legionen und besetzten das Rheinland. Sie mussten ernährt werden, Brot musste gebacken bahnen und wichtige Verbindungsstraße lägen tief unter Wasser, die Schifffahrt käme zum Erliegen, Städte wie Koblenz, Mainz, Wiesbaden und Frankfurt würden überflutet. Das Wasser in Mosel und Main würde ebenfalls zurück stauen. Kraftwerke und Chemiefabriken wären überschwemmt. Millionen Menschen müssten fliehen und irgendwo in Zeltstädten hausen. Eine absurde Geschichte? Nicht ganz. Schließlich gilt die Vulkaneifel als aktives Vulkangebiet. Ein Ausbruch ist also theoretisch möglich. Wenn der Zeitpunkt auch ebenso gut noch Millionen von Jahren auf sich warten lassen könnte. Ulrich Schreiber hat dieses Szenario in einem wissenschaftlichen Krimi spannend zum Nachlesen geschildert. »Die Flucht der Ameisen« heißt das Buch. Jetzt fragen sich alle, was Ameisen mit Vulkanen zu tun haben. Eine ganze Menge. Es könnte nämlich sein, dass Ameisen ihre Nester absichtlich auf Erdspalten bauen, aus denen bestimmte Gase an die Erdoberfläche gelangen. Wissenschaftler untersuchen dieses Phänomen seit einiger Zeit. Verändert sich die Zusammensetzung der Gase, wie das vor einem Vulkanausbruch der Fall wäre, würden die Ameisen das bemerken und wegziehen, noch ehe der Mensch eine Ahnung von der herannahenden Katastrophe hätte.

werden. Irgendein Römer erkannte damals, dass die Lava der Hohen Buche so ähnlich beschaffen war wie die in der Gegend um Rom. Dort stellte man aus dem zu Stein erkalteten Lavabrei aus dem Erdinneren Mühl- und Reibesteine her. Auf diesen Reibesteinen aus Basalt rieb man Getreide zu Mehl. Daraus wurde Brot gebacken. Schon waren die Römer emsig bei der Sache, sie zerschlugen und spalteten die Lava der Hohen Buche und hämmerten aus den Blöcken Mühl- und Reibesteine heraus. Bei unserer Tour durch die historischen Basaltsteinbrüche sehen wir zahlreiche Arbeitspuren der Römer, vor allem verräterische Rillen. Hier wurden Keile in den Basalt getrieben, um den Stein zu spalten. Auch Reste von Mühlsteinen liegen herum. Wir können uns gut vorstellen, wie hier römische Steinmetze zwischen den Felsen saßen und den Basalt bearbeiteten. Die Steinbrüche der Hohen Buche sehen zudem außerordentlich dekorativ aus. Schließlich sind die seit der Römerzeit herum liegenden Basaltblöcke mit dickem Moos überzogen.

Nach einer Weile des Weges durch die Basaltfelsenhalden geht es bergab. Rechts am Hang taucht eine Lavagrube auf. Das lockere Material wurde vom Vulkan herausgeschleudert, bevor der glühende Lavastrom ausfloss. Jedes Körnchen war also einst ein kleiner Lavatropfen, der durch die Luft wirbelte und dabei schon im Flug abkühlte.

Unten auf dem Fahrweg steigen wir rechts den Hang hoch und sind bald wieder an der Wegekreuzung mit den Infotafeln angekommen, von hier geht es auf gleichem Weg wie hinwärts zurück zum Parkplatz. Wer Lust auf einen längeren Spaziergang hat, biegt links ab und folgt dem ausgeschilderten Weg, der ihn auch wieder zum Auto bringt.

Geologischer Exkurs:

110.000 Jahre soll dieser Vulkanausbruch zurück liegen. Woher aber wissen wir das? Es war ja kein Mensch und erst recht kein Kamerateam dabei. Hinweise geben uns aber Mineralogen. Sie sammeln kleine Gesteinsstücke und untersuchen die radioaktiven Isotope verschiedener darin enthaltener Elemente. Anhand der sogenannten Halbwertszeiten lässt sich berechnen, wann das Gestein entstanden ist. Eine Halbwertszeit ist die Zeit, in der sich die Hälfte der anfangs vorhandenen Atomkerne in andere Atomkerne umwandelt. So zerfällt ^{238}Uran in ^{235}Uran, was hunderte von Jahrmillionen dauert. Andere Elemente, zum Beispiel der Kohlenstoff, zerfallen vergleichsweise sehr schnell. Das Kohlenstoffatom ^{14}C zerfällt in 5730 Jahren zu ^{14}N. Aus einem speziellen Kohlenstoff wird also ein spezieller Stickstoff. Chemiker können das im Labor messen. Die Anzahl der Anteile in einem Stein oder Knochen, die bereits zerfallen sind, sagen dem Chemiker, wann dieser Stein entstanden ist oder das Tier, dem der Knochen gehörte, geboren wurde. Der Isotopenzerfall des Kohlenstoffs wird vor allem bei der Untersuchung eiszeitlicher Fossilien wie Mammutknochen eingesetzt, die Uran-Methoden dagegen zur Bestimmung alter Gesteine. Chemiker können so sagen, wann die Lava aus dem Vulkan ausgeflossen ist und zu Basalt erstarrte. Im Fall des Vulkans Hohe Buche wurden bei Bauarbeiten weitere wichtige Funde gemacht. Fast unten am Rhein entdeckte man, dass unter dem Lavastrom eiszeitliche Rheinschotter liegen. Daraus kann man schlussfolgern, dass der Rhein während der vorletzten Eiszeit dort bereits seine Geröllmassen abgelagert hatte, als der Lavastrom diese überdeckte.

»Siewe Stuwe« im Kottenheimer Büden

8

Wo sich einst Kinder im Fels versteckten

Im Zweiten Weltkrieg boten die Höhlen den Bewohnern Schutz vor Luftangriffen

» Ich bin Höhlenforscher. Ich brauche die große Lampe. Nicht du.«

(Nicolas, knapp 3 Jahre)

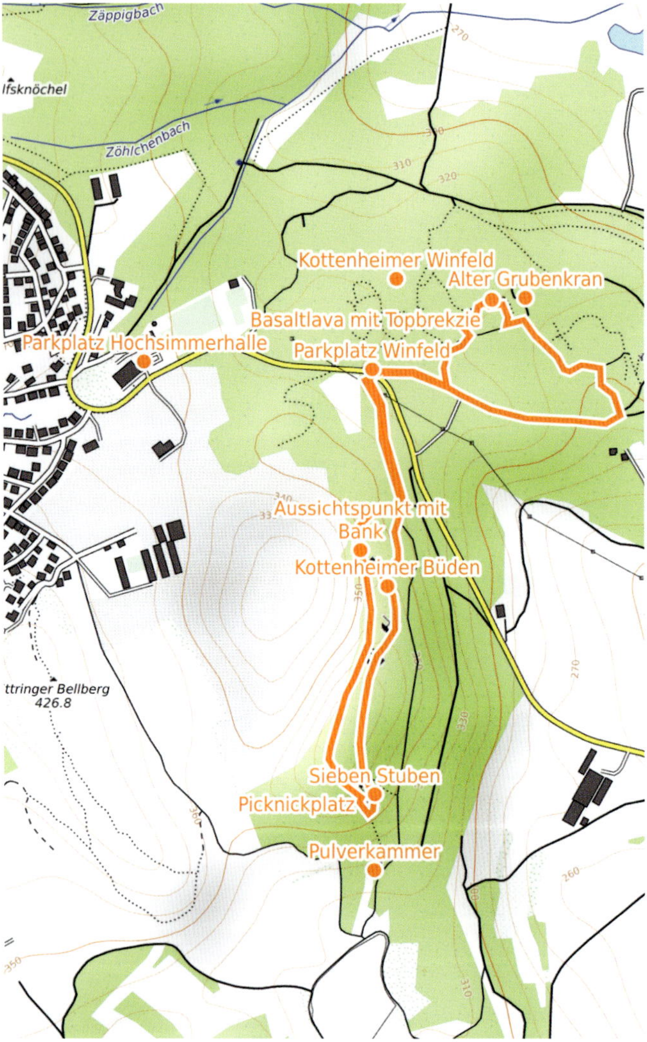

Geeignet für: Kinder ab vier Jahren, der Weg ist manchmal sehr schmal und abschüssig

Ausgangspunkt: Parkplatz an der Hochsimmerhalle (Mehrzweckhalle der Gemeinde Ettringen) oder besser: 500 Meter weiter östlich auf dem Parkplatz Winfeld

Streckenlänge: etwa 8 Kilometer auf dem Vulkanpfad, einem wahrlich schönen Wanderweg über den Ettringer Bellerberg, den Kottenheimer Büden und durch das Kottenheimer Winfeld
Wanderzeit: 3–4 Stunden
Höhenmeter Anstieg/Abstieg: 200 Meter
Anforderungen: mittelschwer

KFZ-Navi: Kottenheimer Straße 31, 56729 Ettringen

Attraktionen mit Eintritt: Unbedingt sehenswert ist das Museum im Grubenfeld in Mayen. Mit dem Auto sind es von unserem Exkursionsort nur fünf Minuten. Dort und im großen historischen Steinbruchgelände lassen sich zahllose Abbautechniken kennenlernen und Besucher erfahren außerdem viel über die Abbaugeschichte des Basalts. Eintrittspreise für Familien: Erwachsene: 2,50 Euro; Kinder ab einem Meter: 2 Euro
Hier startet auch der 1,2 km lange Fledermauswanderweg des NABU, vorbei an Stollen, in denen vielleicht Fledermäuse schlafen und beobachtet werden können, auf etlichen Infotafeln wird alles wichtige über Fledermäuse berichtet. Der Besuch des historischen Steinbruchsgeländes und des Fledermauswanderweges ist kostenlos.
www.vulkanpark.com/erlebniswelten-grubenfeld/

Empfohlene Ausrüstung: Taschenlampen

Über den Kottenheimer Büden, einem Vulkanberg bei Ettringen in der Osteifel, führt ein Wanderpfad an den »Siewe Stuwe« vorbei. Das sind kleine Höhlen in den harten Schweißschlacken des Vulkans. Während des Zweiten Weltkriegs wurden sie von den Bewohnern der Ortschaft Kottenheim in den Stein gehauen, sie dienten als Luftschutzräume. Heute lassen sie sich nach einer kleinen Wanderung auf engen verschlungenen Pfaden mit Taschenlampen erforschen. Das Betreten der unterirdischen Gänge und Zimmer in der absoluten Dunkelheit ist nicht nur für Kinder ein besonderes Abenteuer. Im Kottenheimer Winfeld erkunden wir eine schluchtenartige Landschaft, wie sie geheimnisvoller kaum sein könnte.

Tourbeschreibung

Zu den Siewen Stuwen gelangen wir am schnellsten vom Parkplatz Winfeld, einem kleinen Wanderparkplatz am Straßenrand. Gegenüber des Parkplatzes auf der anderen Straßenseite schlagen wir den Weg in den Wald hinein ein und nach 300 Metern zweigt nach rechts hangaufwärts der Siewe-Stuwe-Pfad ab. Es ist ein kleiner Pfad, nicht leicht zu erkennen unter dem Laub, aber er ist mit Schildern markiert. Man sollte ihn nicht verpassen, denn er ist erheblich spannender als der Weg unten am Hang entlang. Trittsicherheit ist hier allerdings unbedingt notwendig, ist jemand etwas wacklig im rauen Gelände, schicken wir ihn auf dem breiten Weg unten entlang. Dort muss er laufen, bis er auf den Traumpfad stößt, der dann auch rechts hangaufwärts verläuft. Auch auf diesem Weg kann der Wanderer einige der größeren Höhlen erkunden. Wer aber auf dem Siewe-Stuwe-Pfad bleibt, kommt zusätzlich an einigen kleinen Lavahöhlen vorbei, die es unbedingt zu erforschen gilt.

Wer die ganze Runde über den Vulkanpfad wandert, wird mit dem grandiosen Ausblick vom Ettringer Bellerberg belohnt. Wer lieber abkürzt, sollte sich aber auf keinen Fall das Winfeld entgehen lassen. Fotoapparat dabei nicht vergessen!

Denn der Anblick ist spektakulär. Vor allem wenn man bedenkt, wie wild es hier in der Vergangenheit zuging. Vor 200.000 Jahren spuckte die Erde an der heutigen Bellerberg-Vulkangruppe glühende Lava aus. Aus mehreren Schloten wurden Lavafetzten in die Luft geschleudert, rasten zu Boden und verschweißten miteinander. Was dabei entstand und heute noch zu sehen ist, nennt man Schweißschlacken. Diese Schweißschlacken sind extrem robust und trotzten viele zehntausende Jahre der Verwitterung. Deshalb bilden sie heute noch deutliche Höhen in der Landschaft, so auch bei den Bellerbergen. Die westliche Flanke, der Ettringer Bellerberg, ragt fast grotesk in die Landschaft, auf dem Gipfel steht nur eine einsame Bank. Wer dort sitzt, dem bietet sich ein grandioser Ausblick über die halbe Eifel.

Geschichte, zu erzählen bei der Rast:

Die »Siewe Stuwe« am Kottenheimer Büden sind nur zum Teil natürlichen Ursprungs. In ihrer heutigen Größe entstanden sie im Zweiten Weltkrieg zum Schutz der Bevölkerung. Um vor allem Frauen und Kinder vor Bombenangriffen in Sicherheit zu bringen, grub man ab 1943 ganze Zimmer in die leicht zu bearbeitenden großporigen Schlacken der Felsenwände oberhalb des Ortes. Da einige Männer und Frauen im angrenzenden Kottenheimer Winfeld in der Basaltsteingewinnung arbeiteten, wusste man, wie man Steine sprengt und hatte dafür auch geeignetes Werkzeug zur Hand. Im Laufe der Zeit wurden die entstandenen Stollen mit Etagenbetten, Regalen zur Aufbewahrung von Lebensmitteln und Öfen ausgestattet. So entstanden richtige kleine Wohnungen, in die sich bis zu 20 Kottenheimer Bürgerinnen und Bürger tagsüber zurückzogen, um vor Luftangriffen der Alliierten geschützt zu sein. Unter den Höhlenbewohnern waren auch viele Kinder, die dort in der Dunkelheit und auf engstem Raum spielten. Wenn es Nacht wurde, erledigten die Mütter und Väter notwendige Besorgungen und kehrten im Schutz der Dunkelheit wieder in die Höhlen zurück.

Die östliche Flanke der Vulkangruppe bildet der Kottenheimer Büden. Ein Wanderweg, der Traumpfad Vulkanpfad, führt auf einem etwa 8 Kilometer langen Rundweg über beide Gipfel. Bleiben wir auf dem Traumpfad und folgen der Markierung, können wir die »Sieve Stuwe« nicht verfehlen.

Oben auf dem Kottenheimer Büden stoßen wir auf die »Siewe Stuwe«, kleine, in die harten Schweißschlacken gehauenen Höhlen, in denen im Krieg Feldbetten, Regale und Öfen standen. Menschen aus dem Dorf haben sich hier vor den Bomben in Sicherheit gebracht. Heute fehlt diese Einrichtung, dennoch fühlt sich der Besucher beim Hineinschlüpfen in die Höhlen, die sich hinter einer gewaltigen Wand aus roter Vulkanschlacke öffnen, an die verschiedenen Zimmer einer Wohnung erinnert. Wanderer müssen zur Erkundung auf jeden Fall eine Taschenlampe mitbringen, es ist stockdunkel dort drinnen.

»Siewe Stuwe« im Kottenheimer Büden

Folgen wir dem Weg weiter, stoßen wir nach 200 Metern auf einen Picknickplatz. Nach dem relativ knackigen Aufstieg haben wir uns eine Pause auch verdient. Hier sitzt es sich gut, wir lassen den Blick schweifen über den Rhein hinüber bis in den Westerwald, die Berge, die wie Hütchen in der Landschaft stehen, sind allesamt Vulkane.

Nun geht es nur noch ein paar Höhenmeter bergauf, dann ist der Gipfel erreicht, der Pfad führt auf der anderen Seite des Büdens wieder bergab, bald überqueren wir eine Straße. Wir kommen wieder am Parkplatz vorbei. Auf der gegenüberliegenden Straßenseite führt der Weg ins Kottenheimer Winfeld, eine nahezu mystische Schluchtenlandschaft in einem alten Basaltbergbaugebiet. Rechts neben einem kleinen Häuschen betreten wir den Wald. Direkt am

ersten Abzweig nach links folgen wir der Treppe abwärts und sind nun im Kottenheimer Winfeld, einem alten Basaltabbaugebiet. Scheinbar unendliche tiefe Schluchten zwischen den riesigen Basaltsäulen erscheinen uns wie aus einem Land, das gar nicht mehr in unsere Zeit zu passen scheint. Dieses Winfeld zu erkunden, ist wahrlich abenteuerlich. Immer wieder öffnen sich neue Wege, hinter mancher Kurve taucht plötzlich ein alter Bergbaukran auf. Wahrscheinlich verlieren wir bald die Orientierung, ein GPS-Gerät oder ein Kompass sind deshalb hilfreich. Wer nichts von beidem hat, muss sich aber auch nicht fürchten. So groß ist das Winfeld dann doch nicht, auch nach einer kleinen, aber dann bestimmt spannenden Irrwanderung finden wir wieder auf den markierten Wanderweg und somit auch wieder zum Parkplatz.

Geologischer Exkurs: Die Flanken des Vulkans

Wir besuchen eine Vulkangruppe, die die schönsten Steinbruchgebiete der Osteifel in sich vereint. Oben auf dem Gipfel des Kottenheimer Büdens bekommen wir einen guten Überblick über die Situation. Ein großer vulkanischer Ringwall, der durch Vulkanausbrüche zwischen Büden und gegenüberliegendem Ettringer Bellerberg entstanden ist, hält die innen aufsteigenden Lavamassen nicht mehr aus und bricht im Norden und Süden auf. In beide Richtungen fließen Basaltlavaströme aus. Nach Norden hin ein kurzer, nur einen Kilometer langer Lavastrom, dessen Basalte aber bis zu 60 Meter mächtig werden. In diesem Lavastrom liegen heute die Basaltschluchten des Kottenheimer Winfeldes. Nach Süden hin ergießt sich der Mayener Lavastrom bis ins Nettetal unterhalb von Mayen und bildet dort bis zu 20 Meter mächtige Basalte. Innerhalb der beiden Vulkanflanken stand einst noch ein zentraler Vulkankegel, der jetzt aber abgebaut ist. Kottenheimer Büden und Ettringer

Bellerberg erheben sich da also als die verblieben Flanken eines großen Vulkans, sie sind überwiegend aus harten Schweißschlacken aufgebaut und deshalb sehr verwitterungsresistent. Die Basaltlavaströme wurden jahrhundertelang abgebaut, riesige Tagebaue mit tiefen Schluchten sind das Ergebnis. Im Mayener Grubenfeld wurden die Basalte auch in unterirdischen Steinbrüchen abgetragen. Besonders imposant ist das Kottenheimer Winfeld, Ziel unserer Exkursion.

Wer über den Traumpfad auf den Gipfel des Ettringer Bellerberges wandert, kann dort oben nicht nur herrliche Sonnenuntergänge erleben, sondern auch am Fuße dieser Vulkanflanke die Steinbruchgebiete der Ettringer Ley sehen. Der Weg dorthin ist ausgeschildert. Wer ihm folgt, stößt plötzlich auf die größte freistehende Wand der Eifel. Die Lava des Bellerberges ist sehr porenreich und damit sehr hochwertig. Sie für Schotter oder Blöcke abzubauen, erschien zu schade. Deshalb diente sie zur Herstellung von Reib- und Mühlsteinen. Schon in der Bronzezeit wurden aus der Mayener Lava Reibsteine hergestellt, viele von ihnen wurden sogar nach England verkauft. Auch die Römer bauten in Mayen Basalt zur Mühlsteinherstellung ab, in Andernach wurden die Mühlsteine auf Rheinschiffe verladen und zu Käufern bis an die Donau geliefert. Bildhauer schufen daraus zudem viele hundert Wegekreuze, die sich überall in der Eifel finden. Man denkt sich jetzt: Was soll man mit Mühlsteinen, das Getreide wird doch mit Stahlwalzen vermahlen. Das ist aber noch gar nicht sehr lange der Fall. Bis vor wenigen Jahrzehnten knackten schwere Mühlsteine das Korn. Der Basalt, der heute noch im großen Steinbruch zwischen den beiden Vulkanflanken abgebaut wird, landet als Schotter auf Straßen und zwischen den Schienen der Eisenbahn.

Fossilien zwischen Üxheim und Kerpen

9

Auf dem Grund des Urzeitmeeres

Versteinerungen sammeln auf Äckern und im Steinbruch

» Dass wir mitten auf einem stinknormalen Acker Steine entdecken, die von einer Zeit zeugen, als hier noch sowas wie die Südsee lag, ist schon krass. Besonders stolz bin ich auf meine riesige Koralle, die ich gefunden habe.«

(Anton, 10 Jahre)

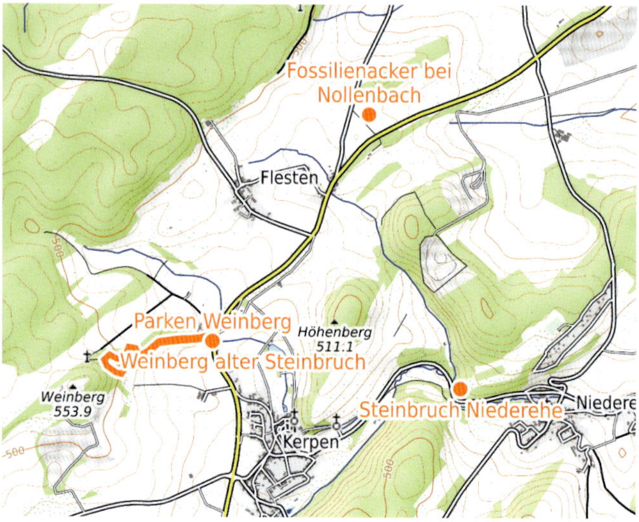

Geeignet für: Kinder, Großeltern, geländegängige Kinderwagen

Ausgangspunkt: Bushaltestelle am Seminarhaus Kerpen

Streckenlänge: nach eigener Planung
Wanderzeit: 1 Stunde
Höhenmeter Anstieg/Abstieg: wenige Meter
Anforderungen: leicht

ÖPNV: Vom Bahnhof Gerolstein mit ÖPNV Buslinie 522 von Üxheim nach Nohn bis Kerpen/Strumpffabrik (zum Weinberg) oder bis Nollenbach Römerstraße (zu den fossilhaltigen Äckern)

KFZ-Navi: 54578 Kerpen/Eifel – ein Blick auf die Landkarte zeigt die genannten Lokalitäten

Einkehr: direkt unterhalb der von überall sichtbaren Burg Kerpen liegt das Gasthaus »Die Einkehr« mit gemütlichem Hoflokal, vom Steinbruch am Weinberg erreicht man es zu Fuß in 20 Minuten. Kein Lokal für die Imbiss-Schnitzelparade, dafür achtet man auf Produkte aus biologischer und artgerechter Haltung. Wer eine besonders gute Fundstelle entdeckt hat und so schnell nicht mehr abreisen will, kann sich in einem der fünf Zimmer des dazugehörigen Hotels auch für einen kleinen Urlaub einmieten. Das Haus ist mehr als 200 Jahre alt und Gäste können dort auf eine kleine Zeitreise gehen, startend mit der Besetzung der Eifel durch Napoleon Ende des 18. Jahrhunderts.
Die Einkehr, Bachstraße 2, 54578 Kerpen, *www.die-einkehr.de*

Picknickplätze: im Steinbruch am Weinberg

Attraktionen mit Eintritt: Auf dem Gröner Hof in Loogh kann man einen kleinen Zoo aus Kängurus, Minischweinen, Bisons, Kälbern, Rindern und Zwergkaninchen bestaunen und die hofeigene Schlachterei und Käserei besichtigen. Eine Anmeldung ist nötig.
Gröner Hof, Im Mühlenweg 3, 54578 Loogh
www.eifel-groener.de

Empfohlene Ausrüstung: gute Schuhe, um in Felsen zu klettern. Tüten, um Fossilien zu sammeln. Bei Regenwetter sind auf dem Acker Gummistiefel zu empfehlen.

Was man sammeln und entdecken kann: Auf dieser Exkursion lassen sich wahrscheinlich zahlreiche 360 Millionen Jahre alte Fossilien sammeln.

In der Vulkaneifel gibt es Äcker, auf denen liegt Jahrmillionen alte Geschichte einfach so herum. In Form von Fossilien, die jeder finden kann, der nach ihnen sucht. Dazu besuchen wir einen wunderschönen Steinbruch, der nicht nur geologisch, sondern auch wegen seiner Tier- und Pflanzenwelt echte Abenteuer verspricht.

Tourbeschreibung

Wir sind wieder einmal auf einer Exkursion ohne genaue Wegbeschreibung, was die Sache umso spannender macht, denn auf diese Weise ist eigener Forscherdrang gefragt. Im Gebiet zwischen Üxheim, Kerpen und Hillesheim befinden wir uns in der Hillesheimer Kalkmulde. Hier sind Ablagerungen eines tropischen Meeres aus dem Erdzeitalter Mitteldevon vor 360 Millionen Jahren erhalten geblieben. In diesem tropischen Meer lebten vor allem Korallen und die muschelähnlichen Brachiopoden, sie versteinerten und können auf manchen Äckern als Fossilien eingesammelt werden. Die Fossilien liegen unter der Erde und jedes Mal, wenn der Bauer pflügt, gelangt neues Material an die Oberfläche. An der Straße von Üxheim vorbei an Nollenbach nach Kerpen (L110) sind einige fossilführende Äcker zu finden. Dort starten wir unsere Suche. Es versteht sich von selbst, dass Geologen nicht auf Äckern herum rennen, die eingesät sind. Die besten Zeiten für die Suche sind deshalb das Frühjahr und der Herbst, wenn der Bauer frisch gepflügt hat und es einmal auf die frisch gefurchte Erde geregnet hat. Der Regen spült nämlich die Erde von den Fossilien und saubere Fossilien findet man einfach leichter als dreckige. Aber auch Baustellen entpuppen sich manchmal als wahre Fossilien-Schatzkisten. Wer sich umhört, erfährt

Geologischer Exkurs: Wie entstehen Fossilien?

Fossilien sind versteinerte Teile früherer Lebewesen. Starb vor vielen Millionen Jahren ein Tier, dann verwesten zunächst seine inneren Organe, die Haut und das Fettgewebe. Übrig blieben Knochen und Schalen. Wurden die rechtzeitig von Schlamm oder Sand bedeckt und luftdicht verpackt, hatten sie die Chance, in Jahrmillionen als Fossilien wiedergefunden zu werden. Denn ohne Luft stoppt der Verwesungsprozess. Lagerten sich dann immer mehr Schichten von Sand und Steinen auf den Knochen ab, stieg der Druck immer mehr und irgendwann im Laufe der Zeit wurden die Knochen oder das Erdreich um den Knochen unter dem Gewicht zu Stein gepresst. Diese steinernen Abdrücke der Lebewesen, die vor vielen Millionen Jahren existierten, können wir noch heute in der Erde entdecken. An Land sind die besten Fundstellen übrigens Sümpfe oder das Polargebiet. Dort gibt es ganze Mammuts, die man ausbuddeln kann. Sehr gute Bedingungen für Fossilien existieren auch im Wasser. Durch die Wellen werden abgestorbene Tiere sehr schnell mit Schlick oder Sand bedeckt, der Konservierungsprozess kann dann beginnen. Auch unsere Nachfahren werden vielleicht die Chance haben, die Versteinerungen unserer menschlichen Überreste im Sand oder Erdreich zu finden.

vielleicht, wo gerade eine Leitung verlegt wird. Oder wo ein Haus gebaut wird. Das praktische an Baustellen: Wir müssen nicht selbst graben, der Bagger tut es für uns. Wir suchen dann einfach den Aushub ab, auch wenn der irgendwo an den Waldrand gekippt wurde. Solch ein Hügel kann jahrelang lohnenswert sein, denn jeder Regenguss wäscht neue Fossilien frei.

Wer genug von Äckern und Baustellen hat, besucht noch den Weinberg bei Kerpen. Der Berg aus Kalk- und Dolomitsteinschichten wurde mal als Steinbruch genutzt. Seine Riffkalksteine sind reich an Fossilien. Wir parken an der L 110 vor dem Seminarhaus Kerpen, direkt am nördlichen Ortseingang von Kerpen. Seit Jahren leben in den Gehegen gegenüber des Seminarhauses, einer ehemaligen Strumpffabrik, ein paar prächtige Schweine.

Wir folgen dem Wanderweg am Schweinegehe vorbei bis zu einem alten Turm, das Schild »Vorsicht Sprengarbeiten« ist historisch und muss uns nicht abhalten. Der Steinbruch am Weinberg steht jetzt unter Naturschutz, gesprengt wird nicht mehr. Vor dem Turm biegen wir nach rechts ab, bald biegt sich der Weg um eine Kurve, dahinter zweigt ein

Pfad nach links ab in den Steinbruch. Der Krimischriftsteller Jacques Berndorf soll in diesem Steinbruch übrigens die Idee zu seinem ersten Kriminalroman gehabt haben. Er war noch Journalist für den »Spiegel«, als ihn eine Recherche zu diesem Steinbruch führte, wo er in der Abgeschiedenheit beim Nachdenken über sein Leben die ersten Einfälle zu seiner Reihe »Eifel-Blues« gehabt haben soll.

Wir müssen ja nicht gleich Schriftsteller werden, aber die Ruhe des Ortes in Kombination mit seinen Zeugnissen vom Leben vor Jahrmillionen wird wohl jeden Besucher faszinieren, der sich Zeit nimmt und genau hinguckt. In den Felsen am rechten Wegesrand findet der Suchende dann auch zahllose Seelilienstielglieder.

Auf der tiefen ehemaligen Abbausohle glänzt das Wasser eines kleinen Tümpels, an dessen Rändern Röhricht wächst. Pflücken darf man die schönen Pfeifenputzer aber auf keinen Fall. Wir befinden uns in einem Naturschutzgebiet. Mit Glück, vor allem aber mit Ruhe und etwas Ausdauer lassen sich im Tümpel Frösche und Molche beobachten. Auf dem mergeligen Hang, der zum Tümpel hinabfällt, kann man Seelilienstielglieder und kleine Brachiopoden sammeln.

Der ganze Steinbruch bietet eine wunderbare Szenerie. Die großen Felsen bilden die Reste eines ehemaligen Korallenriffs.

Geschichte, zu erzählen bei der Rast:

Um die Burg Neublankenheim, die im Wald auf einem Felssporn in der Nähe von Üxheim-Ahütte an der L 70 liegt, rankt sich die Sage von der unglücklichen Liebe zwischen der jungen Grafentochter und einem armen Knecht. Dort, wo jetzt zwischen Mauerresten Vögel nisten, soll sich einst eine dramatische Geschichte zugetragen haben. Der Graf von Blankenheim hatte eine Tochter, die sich unsterblich verliebte in einen armen Knecht aus Ahrdorf. Natürlich wollte der Graf auf keinen Fall, dass seine Tochter einen so mittellosen Mann heiratete. Das wäre für die ganze Familie eine Schande gewesen. Weil sich die Tochter aber dem Willen ihres Vaters nicht fügte, ließ der Graf sie vor Zorn in einen Turm der Burg einsperren. Dort soll sie verhungert sein. Noch heute, wenn der Uhu seinen durchdringenden Ruf über die Burg Neublankenheim schallen lässt, sagen die Leute: »Der Knecht ruft seine Liebste.«

Korallen lassen sich daher an etlichen Stellen entdecken, oft wird der Fels von Adern aus Calcit durchzogen, die zu Kristallen zerfallen. Hier im Steinbruch müssen wir unbedingt Picknick machen, vor allem im Sommer blüht es überall und zahllose Schmetterlinge flattern an den Blüten entlang. Aber auch die anderen Jahreszeiten haben ihren Reiz. Während Erwachsene auf der Decke sitzen und ihren Tee trinken, spielen die Kinder wie auf einem riesigen Abenteuerspielplatz.

Der breite Fahrweg auf der oberen Sohle führt wieder zurück zum Auto, aber auch von der unteren Sohle können wir den Steinbruch auf einem versteckten Pfad wieder verlassen.

Wer jetzt noch nicht die Nase voll hat, besucht noch den alten Steinbruch von Niederehe. Vom Seminarhaus geht es nach Kerpen hinein, an der großen Kreuzung nach links in Richtung Niederehe, nach einem Kilometer liegt links der Straße in einer Kurve unübersehbar der alte Steinbruch von Niederehe. Man kann dort gut parken.

Fossilien sammeln kann man dort zwar nicht, dafür die Zeugen einer viele Millionen Jahre alten Zeit aber besonders gut betrachten. Die Felsen sind übervoll mit Korallen und Stromatoporen.

Bergwerk Bendisberg & Wacholderheiden

10

Dem Erz auf der Spur

Wir werden für zwei Stunden zum Bergmann

» Es ist sehr spannend, die alten Bergwerkgänge zu erkunden. Aber dort jeden Tag mit Hammer und Hacke im Dunkeln und Engen arbeiten? Das würde ich nicht wollen.«

(Daniela, 10 Jahre)

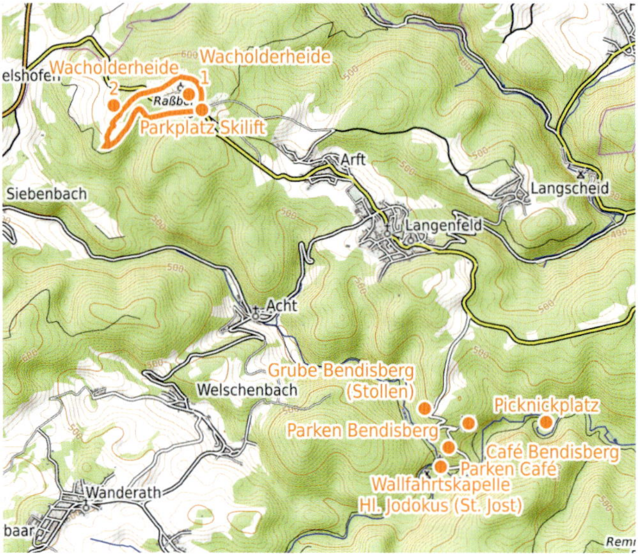

Geeignet für: Kinder, Großeltern, Eltern, mit einem Kinderwagen kommt man nicht weit

Wacholderheiden: Parken auf dem Parkplatz am Skilift Arft, von dort führt ein ausgeschildeter, etwa 3 Kilometer langer Rundweg mit leichten Höhenunterschieden durch die Wacholderheiden

Bergwerk Bendisberg: Vom Parkplatz sind es 200 Meter zum Bergwerk, die etwa einstündige Standard-Führung durch den mittleren Eisenheldstollen ist ohne Höhenunterschiede für jedermann leicht zu bewältigen. Zum Café Bendisberg im Nitztal fahren wir mit dem Auto. Wir parken an der Wallfahrtskapelle Sankt Jost unten im Nitztal und laufen gemütlich etwa 600 Meter zum Café.

Anforderungen: Die Drei-Stollen-Tour erfordert Kondition. Trittsicherheit ist erforderlich, für Menschen mit Platzangst in engen Gängen ist die Exkursion nicht geeignet.

KFZ-Navi: In der Eisenkaul 2, 56729 Langenfeld – Parkplatz 200 Meter weiter, von dort zu Fuß zum Bergwerk

Einkehr: Die Bergmannshütte an der Grube Bendisberg liegt idyllisch im Wald. Hier gibt es selbstgebackenen Kuchen und herzhafte Eifler Küche. Sitzen kann man entweder im rustikalen Gastraum oder auf der sonnigen Terrasse.
www.grube-bendisberg.de/bergmannshuette.htm

Auch im Café Bendisberg kann man rasten und sich mit selbst gebackenem Kuchen oder regionalen Gerichten stärken.
www.cafe-gasthaus-bendisberg.de

Picknickplätze: In den Wacholderheiden warten einige Plätze mit schönen Ausblicken auf Rastende. Auch im Nitztal, nahe dem Café Bendisberg, kann man gut seine Decke ausbreiten und mitgebrachte Brötchen verzehren.

Empfohlene Ausrüstung: Auf jeden Fall eine Taschenlampe. Zudem alte Kleidung, da man ziemlich dreckig werden kann.

Was man sammeln und entdecken kann: Im Bergwerk können wir kleine Stücke Gangart mitnehmen. So bezeichnet man Begleitmineralien, die meist dort zu finden sind, wo auch Erz lagert. Diese Mineralien wie Quarz oder Siderit haben sich dort vor etwa 400 Millionen Jahren gebildet.

Urige Wacholderheiden mit weiten Ausblicken über die Eifellandschaft sind optimal für eine kleine Wanderung mit anschließendem Picknick. Im alten Erzbergwerk Bendisberg unten im Tal des kleinen Flusses Nitz erfahren wir, wie Bergleute vor über hundert Jahren gearbeitet haben. Durch schmale Gänge gelangen wir in die Tiefe. Die Grubenlampe auf unserem Helm ist unsere einzige Lichtquelle. Nichts für Leute mit Platzangst, aber wahrlich spannend.

Tourbeschreibung

Der Bergbau fasziniert. Irgendwo da unten, tief in der Erde, werden seit vielen Jahrhunderten Rohstoffe abgebaut: Steinkohlen zum Verheizen. Lavagesteine, aus denen Mühlsteine herausgemeißelt werden. Metalle, die einst in glühend heißen Wässern aus dem Erdinneren nach oben stiegen und sich in Erdspalten als Erzgänge ablagerten. Die Bergleute fahren hinab in die Tiefe, aber wer das nicht selbst erlebt hat, kann sich kaum vorstellen, wie es dort unten aussieht und was dort passiert. In Deutschland gab es früher viele hundert Bergwerke, heute ist der Bergbau bis auf wenige Ausnahmen zum Erliegen gekommen. In Indien, Australien und Südamerika werden die Rohstoffe viel günstiger gewonnen und auch die Frachtkosten um die halbe Erde fallen kaum noch ins Gewicht.

In Bendisberg wurde seit Anfang des zwanzigsten Jahrhunderts Erz abgebaut. Auf insgesamt fünf Ebenen trieben die Kumpels Stollen in den Berg hinein. Sie folgten einem Erzgang, zertrümmerten das Mineralgemenge zu handlichen Brocken und schleppten diese aus dem Berg hinaus. Wo das Erz verhüttet wurde, ist heute unbekannt. Da es in der Umgebung kein Hüttenwerk gab, wurde es wohl zur nächsten Eisenbahn-

strecke transportiert. Von dort könnte es mit dem Zug oder über den Rhein auf einem Schiff weite Wege genommen haben. Wir müssen uns die Situation kurz nach 1900 vorstellen: Schnellstraßen und LKW gab es noch nicht, das Erz wurde mit Pferde- oder Ochsenfuhrwerken auf wahrscheinlich unbefestigten Wegen aus dem engen Tal heraus transportiert. In einem wahrscheinlich relativ weit entfernten Hüttenwerk wurde das Erz dann aufgeschmolzen, dabei wurden Metalle von taubem Gestein getrennt.

In Bendisberg wurden Blei- und Zinkerze abgebaut, ein bisschen Silber war auch dabei. Etwa 150 Leute waren im Jahre 1903 in der Grube und in der Aufbereitung tätig, in den ersten beiden Jahren wurden 513 Tonnen Bleierz gefördert, außerdem 875 Tonnen Zinkblende, das ist eine Zinkerzart. Nach einem Großbrand Ende 1903 wurde die Grube zunächst stillgelegt, erst 1937 starteten die Kumpels wieder mit dem Abbau.

Wir gelangen nach Bendisberg über die B 412 , die wir bei Jammelshofen verlassen und auf der L 10 in Richtung Arft und Langenfeld weiterfahren. Nach einer kurzen Wegstrecke

taucht auf dem Berg ein Sendeturm auf. Kaum haben wir den passiert, liegt links der Straße der Parkplatz zum Skilift von Arft. Wer mag, parkt hier und wandert eine nette Runde (siehe Karte) auf den ausgeschilderten Wegen durch die Wacholderheiden. Uns bietet sich eine urtümliche Landschaft, in der einst Schafe und Ziegen grasten. Die Tiere fraßen alles weg, gedüngt wurde nicht. Das hatte zur Folge, dass über die Jahrzehnte eine nährstoffarme Vegetation entstand, die heute aber mit vielen seltenen Pflanzen beeindruckt. Am auffälligsten sind natürlich die Wachholderbüsche mit ihren erst grünen, später blauen Wacholderbeeren, die wir vom Kochen kennen. Im Frühling wachsen an den Heidelbeersträuchern erst rosafarbene Früchte, die sich später dunkelblau verfärben. Im April taucht der Ginster weite Landstriche in kräftige gelbe Farbe und im Spätsommer blüht das Heidekraut violett. Ein paar krüppelige Kiefern machen das Bild komplett. Auf dem etwa drei Kilometer langen Rundweg lassen sich etliche nette Stellen für ein Picknick vor oder nach dem Bergwerksbesuch finden. Wer diese Wacholderheiden intensiver kennen lernen möchte, der sollte eine Tour zu der nahegelegen Wabelsberger Wacholderhütte machen, hier gibt es nicht nur köstlichen Kuchen, hier führt auch ein gut ausgeschilderter Traumpfad durch die Wacholderlandschaft.

Wir aber wollen erst einmal unter die Erde. Deshalb fahren wir weiter, bleiben in Langenfeld auf der L 10 bis plötzlich eine riesige Seilscheibe am Wegesrand steht. Dabei handelt es sich um ein großes Rad, das auf einem Förderturm thront und über das ein Stahlseil läuft, an dem der Förderkorb des Bergwerkes in die Tiefe gelassen wird. Solch einen Förderturm gab es in Bendisberg nicht, deshalb ist auch die Seilscheibe nicht von

Geschichten, zu erzählen bei der Rast: Ein Eifler Gründervater des Kölner Doms

Sieben rote Rauten, je vier und drei zusammen, bilden das Wappen eines großen Eifler Rittergeschlechts. Die Grafen von Virneburg, benannt nach der Burg, die heute als Ruine das gleichnamige Dorf im Nitztal überragt, gehörten im Mittelalter zur angesehensten Familie der ganzen Eifel. An der Schlacht bei Worringen 1288 nahmen Graf Heinrich von Virneburg und seine Söhne Ruprecht und Heinrich teil. Nachdem der junge Heinrich die blutigen Kämpfe an der Seite des Herzogs von Brabant ruhmreich überlebte, stieg er 1306 zum Erzbischof von Köln auf und spielte hier eine große Rolle beim Bau des Kölner Doms. Unter Heinrich schritt der Dombau, für den sein Vorgänger Konrad von Hochstaden 1248 den Grundstein legte, am weitesten fort. Heinrich förderte den Bau des riesigen Gotteshauses so eifrig, dass 1322 der Chor des Domes feierlich eingeweiht werden konnte. Bei dem großen Fest zogen damals auch die Gebeine der Heiligen Drei Könige in ihrem prunkvollen Schrein in den Dom ein. Dombesucher sehen noch heute im abschließenden Mittelfenster des Chorfenstergeleits das Wappen von Virneburg: Sieben Rauten umgeben von sieben roten Zwiebeln, die aus dem blauen Grund der fünfblättrigen Rose emporwachsen. Eine Beisetzung im Kölner Dom wurde dem Grafen von Virneburg – anders als seinen Vorgängern – jedoch versagt. Er starb kurz nach der Einweihung des Doms in Bonn und wurde im dortigen Münster beigesetzt. Die Gruft dort fand man allerdings gut hundert Jahre leer vor. Seine Gebeine gelten seither als verschollen.

Geologischer Exkurs:
Wie entstanden die Erzgänge unter der Eifel?

Irgendwann, vor einigen Milliarden Jahren und lange nach dem Urknall, ballte sich im Universum Materie zusammen. Es kam zu einer Kettenreaktion: Die Anziehungskraft vergrößerte sich mit dem Hinzukommen von Materie immer mehr, was noch mehr Materie nach sich zog, was die Anziehungskräfte wiederum vergrößerte, einfache Elemente verschmolzen zu komplexeren. In dieser Urerde entstanden alle Elemente, die auch heute noch in der Erde enthalten sind. Da unser Planet damals aus flüssiger Glut bestand, fanden die Elemente je nach Dichte ihren eigenen Platz: Schweres wie Nickel, Eisen oder Uran sank in Richtung Erdmittelpunkt. Die Geophysiker gehen deshalb davon aus, dass die Erde einen Nickel-Eisen-Kern besitzt. Jedenfalls lagern tief in der Erde riesige Metallvorkommen. Aber wie kamen diese Metalle nach oben, in die obersten hunderte Meter der Erdkruste, in denen Menschen sie abbauen können? Die Antwort lautet: Tief in der Erde ist es sehr heiß, der Druck ist sehr hoch. Metalle und ihre Erze (das sind meist Sulfide, Verbindungen eines Metalls mit Schwefel) lösen sich unter diesen Bedingungen im Wasser auf. Im Erdzeitalter Karbon bildete sich dann in Mitteleuropa ein riesiger Gebirgszug, das sogenannte Variszische Gebirge, auch die Eifel ist ein Rest davon. Erdschichten verbogen sich damals und zerbrachen, aus der Tiefe drang heißes Wasser empor. Wasser, in dem Erze gelöst waren. Das erzhaltige Wasser floss durch die Bruchzonen und Spalten im Gebirge, nahe der Erdoberfläche kühlte es ab, dabei fielen die Erzmineralien aus und Erzgänge entstanden. Immer dabei war der Quarz, ein weißes, gut lösliches Mineral, das Erzgänge begleitet. Im Bergwerk Bendisberg sehen wir deshalb noch heute zahlreiche schmale Quarzgänge.

hier. Aber egal, sie erinnert uns dennoch sofort an ein Bergwerk und deshalb ist sie ein guter Wegweiser, denn von hier geht es rechts ab ins Tal. Eine schmale Straße schlängelt sich hinab. Im Winter bei Schneeglätte erfordert der Weg gute Fahrkenntnisse. 200 Meter hinter dem Bergwerk liegt der Parkplatz, wir gehen das Stück zurück. Beim Bergwerk angekommen erklärt ein Bergwerksführer erst einmal alles: Wie kommt das Erz ins Gebirge? Wie wurde es hier abgebaut? Mit welchen Techniken arbeiteten die Bergleute früher und wie wurde das ganze schwere Zeug transportiert? Nach einer Sicherheitseinweisung werden Helme mit Lampen aufgesetzt. Im Bergwerk selbst ist es nahezu stockfinster, nur hier und da glimmen ein paar Lampen. Früher hatten die Bergleute nur ihr eigenes Licht dabei. Und auch das war oft eher eine Funzel. Um 1900 waren sogenannte Froschlampen weit verbreitet, die mit Öl betrieben wurden, elektrisches Licht erfand man erst nach 1900.

Viele hundert Meter lang sind die Stollen, die in den Berg getrieben wurden, immer dem Erzgang hinterher. Besonders die Erwachsenen merken schnell, warum die Helme notwendig sind, nicht etwa, weil von oben Steine herabfallen könnten, sondern weil man sich ständig den Kopf an der Gangdecke anstößt und sich dabei leicht blutig hauen kann. Eng sind die Gänge, der Boden ist matschig, an manchen Stellen ist die Decke mit Stahl abgestützt. Diese Sicherheitsvorkehrungen sind für die Besucher eingebaut worden. Für die Kumpels gab es früher in Bendisberg nur Holz zum Abstützen. An vielen Stellen lassen sich noch Spuren erkennen, die die Hämmer der Bergleute hinterlassen haben. An manchen Stellen glitzert noch etwas Erz, meist aber sehen wir nur weiße Quarzadern. Der Quarz ist mit den Erzlösungen aus der Tiefe gekommen und hat Spalten ausgefüllt, der Bergmann nennt diese Gangart.

Die Gangart ist für den Bergmann wertloses Material. Die Tour führt durch die Stollen, wir sehen Abbaustellen, alte Maschinen, immer mal wieder zweigt irgendwo ein Gang ab. Jüngere Kinder, die sich für diese wissenschaftlichen Dinge nicht interessieren, können unterwegs Zwerge suchen und das Zwergen-Rätsel lösen, dann finden sie die Tour auch spannend.

Wer mehr möchte als die Standard-Führung, muss andere Touren extra buchen, am besten mit einigen Freunden in einer kleinen Gruppe (maximal elf Personen). Dabei geht es zum Beispiel in die Tiefe, eine lange Wendeltreppe führt auf 270 Treppenstufen 53 Meter hinab in die älteren Stollen. 250 Meter Stollen davon kann man besichtigen, es ist ganz schön schlammig hier unten, usseliger als oben. Alte Balken hängen an der Decke. Auf dem Holz wachsen an manchen Stellen seltsame Pilze. Vor uns breitet sich eine Unterwelt aus wie in einem Hobbitfilm. Wenn es dann wieder die Wendeltreppe hinauf geht, zeigt sich, wer Kondition hat oder wer besser noch etwas trainieren sollte. Aber egal ob fit oder im Trainingsrückstand: Es ist für alle spannend zu erfahren, wie überall in Deutschland Bergleute unter schwierigen Bedingungen in der

Tiefe das Erz abbauten, um Metall daraus zu gewinnen. Wenn wir heute in einem Baumarkt stehen, können wir uns kaum vorstellen, welche Arbeit in der Herstellung all dieser Schrauben und Nägel einst steckte. Je nachdem, welche Tour wir machen, kann sie eine Stunde oder aber auch dreieinhalb Stunden dauern. Ausführliche Infos dazu gibt es auf der Homepage des Bergwerkes.

Wer wirklich mutig ist, kann sich auf die Kletterwände im Bergwerk wagen. Alte Schächte, in denen früher die Bergleute auf wackeligen Leitern hinabstiegen, sind zu Kletterwänden umgebaut worden. Bis zu 35 Meter geht es in die Höhe, festhalten kann man sich nur an kleinen Griffen wie man sie aus Kletterhallen kennt. Natürlich sind alle Mutigen angeseilt und in Begleitung eines Kletterprofis, der im Notfall helfen kann.

In der Bergwerkshütte direkt hinter dem Ausgang können sich Kletterer samstags, sonntags und an manchen Feiertagen stärken.

Wer nach der Dunkelheit im Bergwerk noch ein bisschen plusternde Natur braucht, der fährt mit dem Auto weiter den Berg hinab bis zur Wallfahrtskapelle Sankt Jost. Von hier sind es nur ein paar hundert Meter zu Fuß zum Café Bendisberg. Auf dem Weg passieren wir das alte Steigerhaus, in dem die Wirtin des Cafés wohnt. Von dort sehen wir schon das Bergwerksgebäude, in dem ein wirklich schnuckeliges Café steckt. Noch abgelegener geht es kaum. Hier ist es sehr ruhig und entspannend. Neben dem Weg fließt das Flüsschen Nitz. Nach dem Cafébesuch bietet sich da noch ein schöner Spaziergang durch das romantische Tal an, nach ein paar hundert Metern – von der Kapelle aus auf der anderen Flussseite – finden wir auch einen netten Picknickplatz.

Impressum

Sven von Loga,
www.expedition-rheinland.de, post@expedition-rheinland.de
Claudia Lehnen,
www.travelini-blog.com, claudia.lehnen@gmx.de

Vulkane, Erz & dunkle Höhlen

Geo-Exkursionen für Familien in der Vulkaneifel

Die Autoren freuen sich über Verbesserungsvorschläge und Hinweise zu eventuellen Wegänderungen. Kontakt über die oben stehenden E-Mail-Adressen.

Lektorat und Korrektorat: Claudia Lehnen
Gestaltung und Satz: Björn Pollmeyer
Fotos: Sven von Loga, Claudia Lehnen *(10, 22, 28, 30, 36, 42, 94)*, Andreas Kiefer *(46, 49)*, Frank Landsberg *(58)*, Lioba Lepping *(79)*, Sven Nieder *(Titel, 57)*

Die Karten wurde von Inkatlas.com erstellt.
Copyright OpenStreetMap contributors (openstreetmap.org), OpenTopoMap (CC-BY-SA).

Gedruckt in der Europäischen Union, Finidr, CZ

FSC www.fsc.org MIX Papier aus verantwortungsvollen Quellen FSC® C014138

www.eifelbildverlag.de
ISBN 978-3-946328-65-0